WTB Wissenschaftliche Taschenbücher

ROLF BORSDORF / MANFRED SCHOLZ
**Spektroskopische Methoden in der organischen Chemie**

WERNER HABERDITZL
**Magnetochemie**

GERHARD HEBER
**Mathematische Hilfsmittel der Physik,** Teil I und II

A. A. SOKOLOW
**Elementarteilchen**

HERBERT GOERING
**Elementare Methoden zur Lösung von Differentialgleichungsproblemen**

HEINZ AHRENS
**Varianzanalyse**

HANS-JÜRGEN TREDER
**Relativität und Kosmos**
Raum und Zeit in der Physik, Astronomie und Kosmologie

ALBERT EINSTEIN
**Grundzüge der Relativitätstheorie**

ALBERT EINSTEIN
**Über die spezielle und die allgemeine Relativitätstheorie**

GÜNTHER LUDWIG
**Wellenmechanik.** Einführung und Originaltexte

HARRY PAUL
**Lasertheorie,** Teil I und II

HERBERT GOERING
**Elementare Methoden zur Lösung von Differentialgleichungsproblemen**

PETER KRUMBIEGEL
**Isotopieeffekte**

*Vorschau auf die nächsten Bände:*

D. M. BRINK
**Kernkräfte.** Einführung und Originaltexte

DIETER ONKEN
**Steroide**
Zur Chemie und Anwendung

HEINZ GEILER
**Ökologie der Land- und Süßwassertiere**

ARTHUR P. CRACKNELL
**Angewandte Gruppentheorie**
Einführung und Originaltexte

EBERHARD HOFMANN
**Intermediärstoffwechsel**
Dynamische Biochemie, Teil III

DIETER KLAUA
**Elementare Axiome der Mengenlehre**
(Einführung in die allgemeine Mengenlehre)

DIETER J. SCHADACH
**Biomathematik I**
Kombinatorik, Wahrscheinlichkeit und Information

DIETER J. SCHADACH

**Biomathematik II**

Graphen, Halbgruppen und Automaten

GÜNTHER TEMBROCK

**Informationsübertragung im biologischen Bereich**

Teil I und Teil II

GÜNTHER TEMBROCK

**Grundlagen der Tierpsychologie**

J. F. VINSON

**Optische Kohärenz**

in der klassischen Theorie und in der Quantentheorie

W. R. HINDMARSH

**Atomspektren**

WTB

BAND 77

*Peter Krumbiegel*

# Isotopieeffekte

**Mit 23 Abbildungen und 20 Tabellen**

AKADEMIE-VERLAG · BERLIN

PERGAMON PRESS · OXFORD

VIEWEG + SOHN · BRAUNSCHWEIG

*Reihe* CHEMIE

Herausgegeben im Auftrage der Sektion Chemie
bei der Deutschen Akademie der Wissenschaften zu Berlin

von:
Prof. Dr. H. Klare, Teltow-Seehof
Prof. Dr.-Ing. Dr. h. c. E. Leibnitz, Berlin
Prof. Dr.-Ing. habil. Dr. rer. nat. h. c. K. Schwabe, Dresden
Prof. Dr. Dr. h. c. E. Thilo, Berlin

Verantwortlicher Herausgeber dieses Bandes:
*Prof. Dr.-Ing. habil. Dr. rer. nat. h. c. K. Schwabe*

Verfasser:
*Dr. P. Krumbiegel*
Institut für stabile Isotope,
Leipzig

ISBN 3 528 06077 8

1970

Lizenznummer: 100/502/70
Druck: VEB Druckhaus „Maxim Gorki", 74 Altenburg
Bestellnummer: Akademie-Verlag 7077 · EDV 761 364 8
Pergamon Press 08 017577 5
Vieweg + Sohn 6077
Printed in German Democratic Republic

# Inhalt

# 1. Einleitung

Im Jahre 1869 stellten unabhängig voneinander D. J. Mendelejew und Lothar Meyer das Periodische System der Elemente auf. Zwölf Jahre später bereits wurde das diesem System zugrundegelegte Prinzip der Einheitlichkeit der Atome ein und desselben Elements von Butlerow angezweifelt, da Abweichungen von der Ganzzahligkeit der Atommassen festgestellt wurden. Zu Beginn des 20. Jahrhunderts fanden M. und P. Curie mehr als zehn neue Atomarten (Nuklide), im Periodensystem waren aber an den betreffenden Stellen nur noch sieben Plätze frei. Um das System zu retten, sah man sich gezwungen, mehrere Atomarten an ein und derselben Stelle (griech. *ισοσ τοποσ*) des Periodensystems einzuordnen. Dies führte 1910 Soddy zu seiner Hypothese der Isotope als Modifikationen der chemischen Elemente, die unterschiedliche Atomgewichte bei übereinstimmenden chemischen Eigenschaften aufweisen. Diese Hypothese hat sich bald experimentell bestätigen lassen. Im heutigen Sprachgebrauch sind Isotope Atomarten (Nuklide), die verschiedene Neutronenzahl, aber gleiche Protonenzahl (Kernladungszahl) besitzen und damit demselben chemischen Element angehören. Lediglich 21 Elemente des Periodensystems bestehen aus nur einer Sorte von Nukliden. Diese Mononuklid-Elemente sind Be, F, Na, Al, P, Sc, V, Mn, Co, As, Y, Nb, Rh, J, Cs, Pr, Tb, Ho, Tm, Ta und Au. Alle anderen Elemente weisen zwischen zwei und zehn natürliche stabile und radioaktive Isotope auf. Die prozentualen Anteile (relativen Häufigkeiten) der stabilen Isotope am Isotopengemisch eines Elements sind innerhalb gewisser Grenzen in der Natur konstant, können aber künstlich verändert werden (Anreicherung stabiler Isotope). Speziell mit den natürlichen Schwankungen der relativen Isotopenhäufigkeiten innerhalb dieser Grenzen befaßt sich die Isotopengeologie. Von allen Elementen wurden im Laufe der Zeit künstliche radioaktive Isotope dargestellt. Im „*Handbook of Chemistry and Physics*", Ohio 1967, sind 1643 Isotope aufgeführt.

Die Isotope der Elemente mit der Ordnungszahl 1 ··· 20 und die einiger schwererer Elemente, die für Untersuchungen über Isotopieeffekte von Interesse sind, wurden in der Tab. 1 zusammengestellt.

Tabelle 1: *Stabile und einige radioaktive Isotope ausgewählter Elemente*

| Kernlad.-zahl | Element | | Massenzahl | natürl. relat. Häufigkeit des Isotops in % | Halbwertszeit |
|---|---|---|---|---|---|
| 1 | H | Wasserstoff | 1 | 99,9853 | |
| | | | 2 | 0,0147 | |
| | | | 3 | | 12,41 a |
| 2 | He | Helium | 3 | $\sim 10^{-4}$ | |
| | | | 4 | $\sim 100$ | |
| 3 | Li | Lithium | 6 | 7,52 | |
| | | | 7 | 92,47 | |
| 4 | Be | Beryllium | 7 | | 53,6 d |
| | | | 9 | 100 | |
| | | | 10 | | $2{,}5 \cdot 10^6$ a |
| 5 | B | Bor | 10 | 19 | |
| | | | 11 | 81 | |
| 6 | C | Kohlenstoff | 12 | 98,89 | |
| | | | 13 | 1,11 | |
| | | | 14 | | 5570 a |
| 7 | N | Stickstoff | 14 | 99,04 | |
| | | | 15 | 0,36 | |
| 8 | O | Sauerstoff | 16 | 99,765 | |
| | | | 17 | 0,036 | |
| | | | 18 | 0,199 | |
| 9 | F | Fluor | 18 | | 1,85 h |
| | | | 19 | 100 | |

| Kern-lad.-zahl | Element | | Massen-zahl | natürl. relat. Häufigkeit des Isotops in % | Halbwerts-zeit |
|---|---|---|---|---|---|
| 10 | Ne | Neon | 20 | 90,92 | |
| | | | 21 | 0,26 | |
| | | | 22 | 8,82 | |
| 11 | Na | Natrium | 22 | | 2,6 a |
| | | | 23 | 100 | |
| | | | 24 | | 15,1 h |
| 12 | Mg | Magnesium | 24 | 78,60 | |
| | | | 25 | 10,11 | |
| | | | 26 | 11,29 | |
| 13 | Al | Aluminium | 26 | | $10^6$ a |
| | | | 27 | 100 | |
| 14 | Si | Silicium | 28 | 92,27 | |
| | | | 29 | 4,68 | |
| | | | 30 | 3,05 | |
| | | | 31 | | 2,62 h |
| 15 | P | Phosphor | 31 | 100 | |
| | | | 32 | | 14,30 d |
| 16 | S | Schwefel | 32 | 95,05 | |
| | | | 33 | 0,74 | |
| | | | 34 | 4,2 | |
| | | | 35 | | 87,1 d |
| | | | 36 | 0,016 | |
| 17 | Cl | Chlor | 35 | 75,4 | |
| | | | 36 | | $0{,}44 \cdot 10^6$ a |
| | | | 37 | 24,6 | |
| 18 | Ar | Argon | 36 | 0,337 | |
| | | | 38 | 0,063 | |
| | | | 40 | 99,600 | |
| 19 | K | Kalium | 39 | 93,08 | |
| | | | 40 | 0,012 | |
| | | | 41 | 6,91 | |
| | | | 42 | | 12,44 h |
| 20 | Ca | Calcium | 40 | 96,97 | |
| | | | 42 | 0,64 | |
| | | | 43 | 0,145 | |
| | | | 44 | 2,06 | |

| Kern-lad.-zahl | Element | Massen-zahl | natürl. relat. Häufigkeit des Isotops in % | Halbwerts-zeit |
|---|---|---|---|---|
| | | 45 | | 163 d |
| | | 46 | 0,0033 | |
| | | 48 | 0,185 | |
| 28 | Ni Nickel | 57 | | 37 h |
| | | 58 | 67,77 | |
| | | 60 | 26,16 | |
| | | 61 | 1,25 | |
| | | 62 | 3,66 | |
| | | 64 | 1,16 | |
| | | 65 | | 2,56 h |
| 34 | Se Selen | 74 | 0,87 | |
| | | 75 | | 127 d |
| | | 76 | 9,02 | |
| | | 77 | 7,58 | |
| | | 78 | 23,52 | |
| | | 80 | 49,82 | |
| | | 82 | 9,19 | |
| 35 | Br Brom | 79 | 50,52 | |
| | | 80 | | 4,54 h |
| | | 81 | 49,48 | |
| | | 82 | | 35,8 h |
| 36 | Kr Krypton | 78 | 0,354 | |
| | | 80 | 2,27 | |
| | | 82 | 11,56 | |
| | | 83 | 11,55 | |
| | | 84 | 56,90 | |
| | | 85 | | 10,27 a |
| | | 86 | 17,37 | |
| 50 | Sn Zinn | 112 | 0,95 | |
| | | 113 | | 118 d |
| | | 114 | 0,65 | |
| | | 115 | 0,34 | |
| | | 116 | 14,24 | |
| | | 117 | 7,57 | |
| | | 118 | 24,01 | |
| | | 119 | 8,58 | |

| Kern-lad.-zahl | Element | | Massen-zahl | natürl. relat. Häufigkeit des Isotops in % | Halbwerts-zeit |
|---|---|---|---|---|---|
| | | | 120 | 32,97 | |
| | | | 122 | 4,71 | |
| | | | 123 | | 125 d |
| | | | 124 | 5,98 | |
| | | | 125 | | 10 d |
| 53 | J | Jod | 127 | 100 | |
| | | | 128 | | 25,0 m |
| | | | 130 | | 12,6 h |
| | | | 131 | | 8,14 d |
| 54 | X | Xenon | 124 | 0,096 | |
| | | | 126 | 0,090 | |
| | | | 127 | | 36,4 d |
| | | | 128 | 1,919 | |
| | | | 129 | 26,44 | |
| | | | 130 | 4,08 | |
| | | | 131 | 21,18 | |
| | | | 132 | 26,89 | |
| | | | 133 | | 5,27 d |
| | | | 134 | 10,44 | |
| | | | 136 | 8,87 | |
| 80 | Hg | Quecksilber | 196 | 0,146 | |
| | | | 198 | 10,02 | |
| | | | 199 | 16,84 | |
| | | | 200 | 23,13 | |
| | | | 201 | 13,22 | |
| | | | 202 | 29,80 | |
| | | | 203 | | 47 d |
| | | | 204 | 6,85 | |
| 82 | Pb | Blei | 204 | 1,48 | |
| | | | 206 | 23,6 | |
| | | | 207 | 22,6 | |
| | | | 208 | 52,3 | |

Die Erscheinung der Isotopie ist bis in das 20. Jahrhundert hinein den Naturforschern verborgen geblieben, weil die Isotope eines Elements in ihren chemischen

Eigenschaften nahezu übereinstimmen. Die Voraussetzung zur Entdeckung von Isotopen sind aber meßbare Unterschiede in irgendwelchen Eigenschaften. Solche Unterschiede heißen Isotopieeffekte:

„Die Unterschiede in den Eigenschaften der Isotope eines Elements sowie die daraus resultierenden Wirkungen werden als Isotopieeffekte bezeichnet.“ [13]

Hier deutet sich bereits die zentrale Rolle der Isotopieeffekte innerhalb der Isotopentechnik an. Nicht nur die Analysenmethoden, sondern auch die Isotopentrennung als nahezu ausschließliche Methode der Produktion hochangereicherter stabiler Isotope beruhen auf der Ausnutzung von Isotopieeffekten. Isotopenherstellung und Isotopenanalyse bilden andererseits den Rahmen für die Beschäftigung mit dem Wesen und der Anwendung der Isotopie. In neuerer Zeit verschiebt sich das Schwergewicht der Beschäftigung mit reaktionskinetischen Isotopieeffekten vom Selbstzweck zum Forschungsmittel und sogar zum technisch genutzten Hilfsmittel. Trotz dieser erfreulichen Tendenz weiß man noch wenig über bestimmte Zusammenhänge. Als Forschungsmittel haben die Isotopieeffekte in zahlreichen Fällen zur Aufklärung von Strukturen und Reaktionsmechanismen verholfen und der theoretischen Chemie neue Gebiete erschlossen. Ein neuartiges wirtschaftlich interessantes Anwendungsgebiet ist die Nutzung von Isotopieeffekten zur Veredelung von Gebrauchsgütern.

In vielfältiger Weise können sich Isotopieeffekte äußern; es ist am Beispiel des Deuteriumoxids im Vergleich zu Wasser natürlicher isotoper Zusammensetzung in der Tab. 2 ersichtlich.

Neben der bewußten Messung und Anwendung von Isotopieeffekten dürfen diejenigen zahlreichen Untersuchungen nicht übergangen werden, in denen ein Isotop lediglich als Markierungsmittel (Tracer) benutzt wird. Bleiben hierbei auftretende Isotopieeffekte unberücksichtigt, so können die aus den Meßergebnissen gezogenen Folgerungen unter Umständen falsch sein.

Tabelle 2: *Physikalische Eigenschaften von $D_2O$ und $H_2O$*

| | $D_2O$ | $H_2O$ |
|---|---|---|
| Molekulargewicht | 20,02823$_3$ | 18,01558$_5$ |
| Bildungswärme des flüssigen Wassers aus den Elementen bei 1 at, 25 °C (in Kcal/Mol) | 70,414 | 68,317 |
| Gefrierpunkt (1 at) in °C | 3,813 | 0,00 |
| Schmelzwärme (1 at) in Kcal/Mol | 1,501 | 1,436 |
| Siedepunkt (1 at) in °C | 101,43 | 100,00 |
| Verdampfungswärme (25 °C, 1 at) in Kcal/Mol | 10,850 | 10,519 |
| Dampfdruck (in Torr) bei 20 °C | 15,24 | 17,54 |
| bei 100 °C | 721,6 | 760,0 |
| Kritische Temperatur (in °C) | 371,5 | 374,2 |
| Kritischer Druck (in at) | 218,6 | 218,53 |
| Molwärme (in cal/Mol·Grad) bei 25 °C | 20,25 | 18,17 |
| Temperatur der max. Dichte (1 at) in °C | 11,23 | 3,98 |
| Dichte (20 °C) in g/m*l* ($d_4^{20}$) | 1,10536 | 0,998232 |
| Spezifisches Volumen (20 °C) in m*l*/g | 0,9050 | 1,00177 |
| Viskosität (20 °C) in Millipoise | 12,60 | 10,05 |
| Oberflächenspannung (20 °C) in dyn/cm | 72,12 | 72,75 |
| Dipolmoment (25 °C) | $1{,}87 \cdot 10^{18}$ | $1{,}86 \cdot 10^{18}$ |
| Brechungsindex (25°C, D-Linie des Na) | 1,32796 | 1,33250 |
| Magnetische Permeabilität (20°C) | $12{,}95 \cdot 10^{6}$ | $12{,}97 \cdot 10^{6}$ |
| Dielelektrizitätskonstante (25 °C) | 78,54 | 78,25 |
| Löslichkeit von NaCl bei 25°C (g Salz/100 g Wasser) | 30,56 | 35,92 |
| Ionenbeweglichkeit in wäßriger Lösung (25°C) | | |
| $H_3O^+$ | | 349,8 |
| $D_3O^+$ | 250,1 | |
| Elektrische Leitfähigkeit einer 0,01 n KCl-Lösung (25°C) in $\Omega^{-1} \cdot cm^2$ | 117 | 141,3 |
| Ionenprodukt (25 °C) | $1{,}38 \cdot 10^{-15}$ | $1{,}008 \cdot 10^{-14}$ |

Die Größe des Isotopieeffektes hat im allgemeinen beim leichtesten Element des Periodensystems ihr Maximum und nimmt mit steigender Ordnungszahl der Elemente ab. Isotopieeffekte an Elementen oberhalb der Kernladungszahl 10 sind bereits so klein, daß sie im allgemeinen nur mit hochempfindlichen Meßmethoden nachweisbar und für viele Zwecke (z. B. bei Markierungsversuchen) vernachlässigbar sind. Anders ist es mit den Deuterium- und Tritium-Isotopieeffekten. Es sind beispielsweise „unendlich große" biologische $H_2O/D_2O$-Isotopieeffekte bekannt. Setzt man die schweren Wasserstoffisotope als Tracer ein, so muß man mit dem Auftreten eines Isotopieeffektes rechnen. Die zunehmende Meßgenauigkeit der Analysenmethoden fordert die Berücksichtigung solcher Isotopieeffekte heraus.

Wie groß die Isotopieeffekte unter spezifischen Versuchsbedingungen sind, ist nicht ohne weiteres vorauszusagen. Experimentell sind z. B. reaktionskinetische Deuterium-Isotopieeffekte von $< 1 \cdots > 100$ ermittelt worden.

Es gibt zahlreiche Arbeiten, in denen versucht wird, Isotopieeffekte für spezielle Reaktionen oder allgemeingültiger vorauszuberechnen. Hier bleibt noch viel zu tun. In jüngster Zeit zeichnet sich die Möglichkeit ab, aus dem umfangreichen experimentellen Material über die Größe von Isotopieeffekten allgemeine Gesetze abzuleiten.

In der vorliegenden Einführung wird versucht werden, aus der Sicht des Chemikers diesen Entwicklungen gerecht zu werden. Neben der als notwendig empfundenen straffen Gliederung des sehr umfangreichen und scheinbar wenig zusammenhängenden Gebietes der verschiedenen Isotopieeffekte wird Wert darauf gelegt werden, die Größe, den Bereich oder wenigstens die Größenordnung der verschiedenen Isotopieeffekte unter verschiedenen Bedingungen zu charakterisieren. Das Hauptgewicht wird dabei auf die Behandlung der experimentellen reaktionskinetischen Isotopieeffekte gelegt werden.

Wird in den folgenden Kapiteln von *isotopen Molekülen*, *Substanzen*, *Reaktionspartnern*, *Lösungsmitteln* usw. gesprochen, so handelt es sich um solche Paare von Molekülen, Substanzen, Reaktionspartnern, Lösungsmitteln usw., die sich nur in der isotopen Zusammensetzung bzw. in den relativen Häufigkeiten der Isotope eines oder mehrerer der in diesen Molekülen enthaltenen Elemente unterscheiden. Isotope Molekül- bzw. Substanzpaare sind beispielsweise:

$CH_3NO_2/CD_3NO_2$; $CH_3NO_2/CH_2DNO_2$; $CH_3NO_2/{}^{13}CH_2TNO_2$;

$CH_3NO_2/{}^{14}CH_3NO_2$; $CH_3NO_2/CH_3{}^{15}NO_2$; $CH_3NO_2/CH_3N^{17}O^{16}O$;

$CH_3NO_2/CH_3N^{18}O_2$.

Während man für theoretische Untersuchungen sowie für Messungen des Isotopieeffektes an einer Substanz mit den natürlichen Isotopenhäufigkeiten in der Regel z. B. unter $CH_3NO_2$ das Molekül ${}^{12}C{}^{1}H_3{}^{14}N{}^{16}O_2$ versteht, wird bei den meisten experimentellen Untersuchungen unter Beteiligung von Substanzen mit einer künstlich veränderten isotopen Zusammensetzung als Bezugspartner die isotope Substanz mit den *natürlichen* Isotopenhäufigkeiten benutzt, d. h., für ${}^{12}C{}^{1}H_3{}^{14}N{}^{16}O_2$ wird vereinfachend $CH_3NO_2$ mit 98,89 Atom-% ${}^{12}C$, 1,11 Atom-% ${}^{13}C$ usw. gesetzt. Diese Vereinfachung führt bei den Elementen Wasserstoff, Kohlenstoff, Stickstoff und Sauerstoff in den meisten experimentellen Untersuchungen zu keinen großen Fehlern, da die natürlichen relativen Häufigkeiten der „markierenden Isotope" D, T, ${}^{13}C$, ${}^{14}C$, ${}^{15}N$, ${}^{17}O$ und ${}^{18}O$ sehr gering sind (vergl. Tab. 1).

## 2. Einteilung der Isotopieeffekte

Arbeiten über Isotopieeffekte findet man in der Fachliteratur vieler naturwissenschaftlicher Spezialgebiete. Auf die Mehrzahl dieser Isotopieeffekte trifft die auf der Seite 11 angeführte allgemeine Definition zu. Da jedoch an sehr vielen Eigenschaften vieler Elemente und Verbindungen Isotopieeffekte festgestellt wurden, kam es im Laufe der Zeit zu einer verwirrenden Vielzahl von Begriffen verschiedener Arten und Unterarten von Isotopieeffekten.

Eine Möglichkeit für die notwendig erscheinende Gliederung dieses Stoffes bestünde in der Zweiteilung

Isotopieeffekte stabiler Isotope und

Isotopieeffekte radioaktiver Isotope

und in der weiteren Unterscheidung nach den einzelnen Elementen.

Dieses Einteilungsprinzip bleibt unbefriedigend, weil weder zwischen den Isotopieeffekten stabiler Isotope und denen radioaktiver Isotope noch zwischen den Isotopieeffekten der einzelnen Elemente prinzipielle Unterschiede bestehen.

Das hier angestrebte Ordnungsprinzip für die Isotopieeffekte geht von den einzelnen naturwissenschaftlichen Disziplinen aus, in denen Isotopieeffekte beobachtet wurden.

Es gibt Isotopieeffekte in der Physik, in der Chemie, in den Biowissenschaften und in den Geowissenschaften. Die Isotopieeffekte in den beiden zuletzt genannten Gebieten kann man im Prinzip auch auf physikalische und physikalisch-chemische Isotopieeffekte zurückführen.

Eine Untergliederung der physikalischen und der physikalisch-chemischen Isotopieeffekte ist in jedem Falle problematisch, da sich in den betroffenen Spezialdisziplinen unterschiedliche Bezugspunkte und Begriffe herausgebildet haben. In der Abb. 1 wurde versucht, die den Chemiker am stärksten interessierenden reaktionskinetischen (und von ihm einfach „kinetischen“ genannten) Isotopieeffekte zu den Isotopieeffekten auf anderen Gebieten in Beziehung zu setzen und damit dem Chemiker eine Orientierungshilfe zu geben.

Die erste Zeile des Schemas gibt die naturwissenschaftlichen Disziplinen an, in denen Isotopieeffekte beobachtet werden. In der zweiten Zeile sind die Ursachen angeführt, die für Isotopieeffekte infrage kommen. Die im Rahmen dieser Einführung interessierenden Isotopieeffekte sind fast ausschließlich auf die unterschiedlichen Kernmassen der Isotope zurückzuführen. In den beiden unteren Zeilen des Schemas sind die wichtigsten physikalischen und physikalisch-chemischen Erscheinungen aufgeführt, bei denen Isotopieeffekte auftreten können.

Die Gliederung des vorliegenden Stoffes folgt der im Schema (Abb. 1) angegebenen Reihenfolge der naturwissenschaftlichen Disziplinen. Dem Charakter dieser Einführung entsprechend wurde das Gebiet der physikalischen Chemie in die beiden Kapitel Thermodynamische Isotopieeffekte (Kap. 5.) und Reaktionskinetische Isotopieeffekte (Kap. 6.) aufgeteilt und der Schwerpunkt auf die Besprechung der reaktionskinetischen Isotopieeffekte am Wasserstoff gelegt. In je einem kurzen Kapitel wird über die Isotopieeffekte in der Physik (Kap. 4.), in den Biowissenschaften (Kap. 7.) und in den Geowissenschaften (Kap. 8.) gesprochen. Ein im wesentlichen auf die Kapitel 5 und 6 zugeschnittenes Kapitel Theorie der Isotopieeffekte (Kap. 3.)*) wird der Besprechung experimenteller Isotopieeffekte vorausgehen.

*) Herrn Dr. Haberlandt, Arbeitsstelle für statistische Physik der Deutschen Akademie der Wissenschaften zu Berlin, danke ich für die kritische Durchsicht des Manuskripts zu diesem Kapitel.

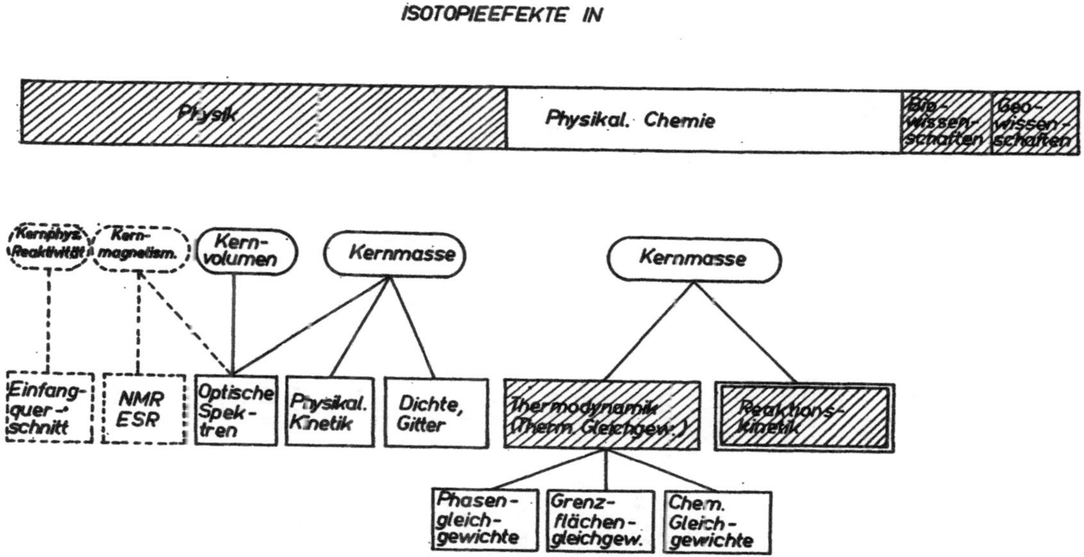


Abb. 1: Verhältnis der reaktionskinetischen Isotopieeffekte zu Isotopieeffekten auf anderen Gebieten.
Die schraffierten Felder entsprechen in der Reihenfolge von links nach rechts den folgenden Kapiteln 4., 5., 6., 7. und 8.

# 3. Theorie der Isotopieeffekte

## *3.1. Die Massenunterschiede der Isotope als Ursachen der Isotopieeffekte*

Im engeren Sinne, d. h. unter dem Ausschluß typisch kernphysikalischer Unterschiede der Nuklide in der Kernstabilität, im Kernvolumen und im Kernmagnetismus, sind Isotopieeffekte alle Unterschiede im Verhalten isotoper Systeme, die durch die Massenunterschiede der Isotope bedingt sind.

Zum Verständnis des Wesens dieser Isotopieeffekte ist es zweckmäßig, zunächst von den die Isotope charakterisierenden *Massen* auszugehen und deren Einfluß auf makroskopische Erscheinungen zu verfolgen. Die relativen Massen der Isotope des leichtesten Elements Wasserstoff — Protium ($^1H$; H), Deuterium ($^2H$; D) und Tritium ($^3H$; T) — verhalten sich angenähert wie 1:2:3. Naturgemäß sind die relativen Massenunterschiede bei den Isotopen der schwereren Elemente kleiner. Für die Kohlenstoff-Isotope $^{12}C$, $^{13}C$, $^{14}C$ betragen sie 1:1,08:1,17. Es liegt nahe, das unterschiedliche Verhalten der Isotope eines Elements an Gleichungen zu prüfen, in die die relative Atommasse eingeht.

Eine Grundgleichung der klassischen Physik und Chemie ist der Gleichverteilungssatz der klassischen statistischen Mechanik für die Energie:

$$\frac{m_1 \overline{v_1^2}}{2} = \frac{m_2 \overline{v_2^2}}{2} = \frac{3}{2} kT. \tag{1}$$

Daraus folgt das bekannte Geschwindigkeitsgesetz

$$\frac{\overline{v_1^2}}{\overline{v_2^2}} = \frac{m_2}{m_1}. \tag{2}$$

Die mittleren Quadrate der Geschwindigkeiten verhalten sich umgekehrt proportional zu den Massen.

Wendet man diese Gleichung auf die isotopen Massen $m_1$ und $m_2$ eines Elements oder einer Verbindung an, so erkennt man bereits eine vereinfachte Grundlage für *physikalisch-kinetische Isotopieeffekte*, wie sie bei der Diffusion, Thermodiffusion, Effusion, Elektrolyse und anderen Transport- und Relaxationserscheinungen (elektrische Leitfähigkeit, Wärmeleitfähigkeit) in Erscheinung treten.

Die Theorie dieser Isotopieeffekte ist sehr kompliziert und in vieler Hinsicht noch unvollkommen. Sie baut auf den Theorien der entsprechenden kinetischen Phänomene auf. In diesem Rahmen kann nur auf einige augenfällige Zusammenhänge zwischen der Masse und einigen physikalischen Erscheinungen hingewiesen werden. Dazu gehört die unterschiedliche Ablenkung isotoper Ionen unter dem Einfluß eines magnetischen Feldes. Das Verhältnis von Masse $m$ zur Ladung der Ionen $e$ ist proportional dem Quadrat des Krümmungsradius' $r$ des Trennrohres, dem Quadrat der magnetischen Feldstärke $H$ und umgekehrt proportional der Beschleunigungsspannung $E$:

$$\frac{m}{e} = \frac{k\, r^2\, H^2}{E}. \tag{3}$$

Eine andere einfache Beziehung besteht zwischen der relativen Molmasse $m$ und der Viskosität $\eta$

$$\eta \sqrt{m} = const. \tag{4}$$

Sie gilt allerdings nur bei wenigen Substanzen, während im allgemeinen kompliziertere Zusammenhänge gefunden wurden.

Ein direkter Zusammenhang wurde zwischen der Sprungtemperatur $T_S$ der elektrischen Supraleitfähigkeit bei tiefen Temperaturen und der relativen Masse der

Isotope festgestellt:

$$T_S \sqrt{m} = const. \tag{5}$$

Unter der vereinfachenden Voraussetzung gleicher Molvolumina $V$ für die Isotope eines Elements (vergleiche dagegen S. 24) sind die Dichten $d$ den Molekulargewichten $M$ direkt proportional $\left(\text{da}\quad V = \frac{M}{d}\right)$:

$$\frac{d_1}{d_2} = \frac{M_1}{M_2}. \tag{6}$$

Auch für die Molrefraktion $R$ weist die zugrundeliegende Beziehung auf den Masseeinfluß der Isotope hin:

$$R = \frac{M}{d} \frac{n^2 - 1}{n^2 + 2} \tag{7}$$

($n$ = Brechungsindex).

Der Isotopieeffekt im Brechungsindex einer Substanz ist in der Gasphase sehr viel kleiner als in der flüssigen Phase. Diese Tatsache weist auf die Notwendigkeit hin, ganz allgemein neben dem direkten Masseeinfluß zusätzlich *Struktur*einflüsse, in diesem Falle intermolekulare Wechselwirkungen, zu berücksichtigen.

In ähnlicher Weise wie die physikalisch-kinetischen Isotopieeffekte, aber wesentlich allgemeingültiger und strenger lassen sich die *Isotopieeffekte in den Atom- und Molekülspektren* aus den zugrundeliegenden Gleichungen voraussagen.

Der Zusammenhang zwischen der relativen Atommasse und der Frequenz geht beispielsweise aus folgender Gleichung hervor:

$$\nu = \frac{1}{2\pi} \sqrt{\frac{k}{m_{red}}}. \tag{8}$$

Die reduzierte Masse

$$\frac{1}{m_{\text{red}}} = \frac{1}{m_A} + \frac{1}{m_B} \tag{9}$$

ändert sich bei der Substitution von einem der beteiligten Atome *A* und *B* durch eines ihrer Isotope und bewirkt demzufolge eine Frequenzverschiebung.

Vergegenwärtigt man sich, daß Schwingungen nicht nur in den Spektren sondern auch in den zu chemischen Wechselwirkungen führenden Energieverteilungen der Atome und Moleküle eine zentrale Rolle spielen, so gelangt man zu einer plausiblen Erklärung der *reaktionskinetischen und thermodynamischen Isotopieeffekte*. In Abb. 2 ist die Potentialkurve eines als Oszillator verstandenen Atoms H im Molekül *R*-H dargestellt.

Unter der Voraussetzung sehr großer Massenunterschiede zwischen H und *R* ($m_H$ sei Protium, $m_D$ Deuterium und $m_R$ Kohlenstoff oder der gesamte Molekülrest) wird *R* als relativ in Ruhe befindlich vernachlässigt. Die Isotope H und D führen dann Schwingungen aus, die nach den Gesetzen der klassischen Physik, d. h. nach Gleichung (8) beschrieben werden können (mit $m_{\text{red}} \approx m_H$ oder $m_D$). Nach den Gesetzen der Quantenmechanik wird auch bei sehr tiefen Temperaturen nicht das Potentialminimum erreicht, sondern es ist zumindest noch eine der Nullpunktsenergie

$$E_0 = \frac{1}{2} h\nu \tag{10}$$

entsprechende Nullpunktsschwingung vorhanden. Da sich die Schwingungsfrequenzen $\nu_{\text{H}}$ und $\nu_{\text{D}}$ auf Grund des Masseeinflusses nach Gleichung (8) unterscheiden, haben auch $E_0^{\text{H}}$ und $E_0^{\text{D}}$ verschiedene Größen, wobei $E_0^{\text{D}} < E_0^{\text{H}}$ ist (Abb. 2).

Dieser Unterschied in den Nullpunktsenergien der Isotope ist eine der Ursachen zahlreicher Isotopieeffekte in

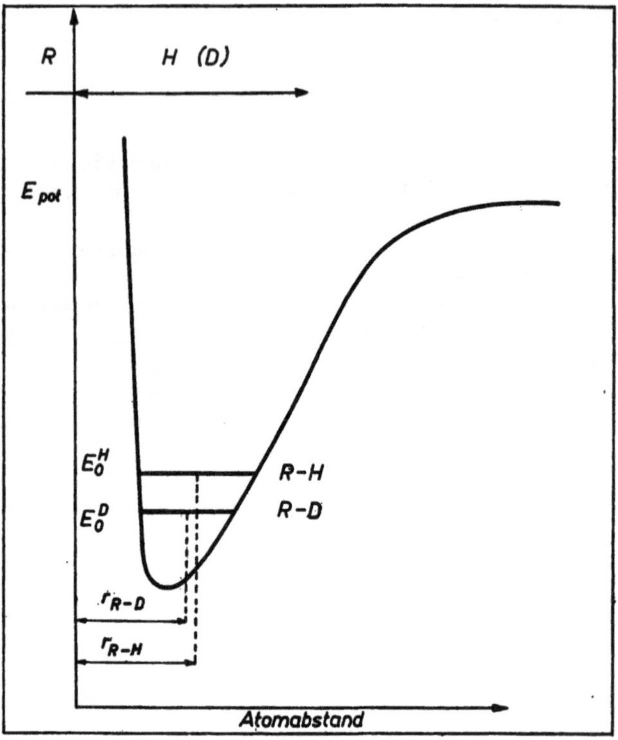


Abb. 2: **Potentialkurve eines Wasserstoffatoms mit den Nullpunktsenergien $E_0$ der Wasserstoffisotope Protium und Deuterium.**

der Thermodynamik und Reaktionskinetik. In der Reaktionskinetik interessiert nicht die Nullpunktsenergie, sondern die Aktivierungsenergie $E_A$ als Maß der Reaktionsbereitschaft einer Verbindung, d. h. die Differenz zwischen Ausgangs-Energieniveau und dem Zustand mit dem höchsten Energieinhalt im Verlaufe eines Reaktionsschrittes, dem sog. Übergangszustand. Dieser Übergangszustand soll keine eigene Nullpunktsenergie besitzen, da die Streckschwingung, auf die sich alles bezieht, dort

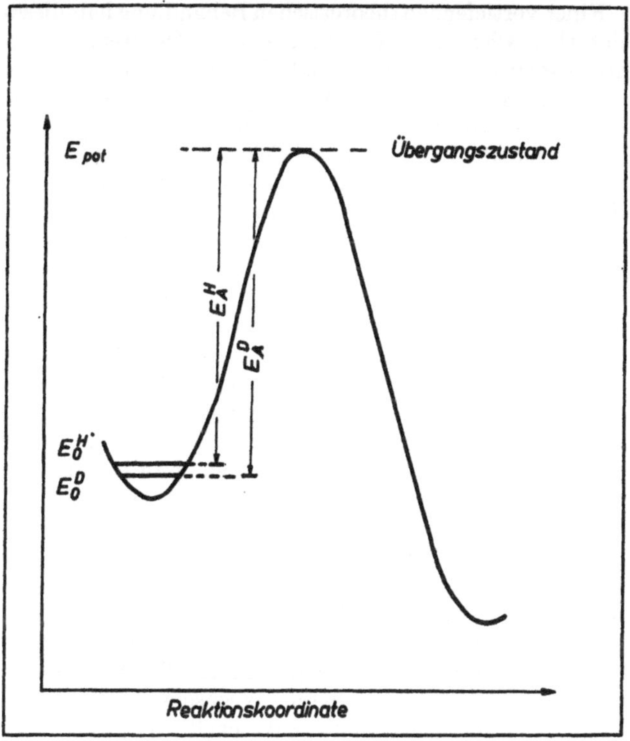


Abb. 3: Aktivierungsenergien $E_A$ der Wasserstoffisotope Protium und Deuterium.
$E_0$ wird hier mit der Energie des Ausgangszustands der Reaktion gleichgesetzt.

nicht mehr vorhanden ist, sondern in eine Translationsschwingung übergegangen ist. Diese Zusammenhänge sind in Abb. 3 dargestellt. Man liest daraus die allgemeine Regel ab:

**Das schwerere Isotop benötigt die größere Aktivierungsenergie und reagiert demzufolge langsamer als das leichte.**

Einer vertiefenden theoretischen Behandlung hält dieses einfache, allein auf Nullpunktsenergie-Differenzen von Streckschwingungen beruhende Modell nicht stand. Im Abschnitt 3.2. wird deshalb als allgemeinere theoretische Basis die statistische Thermodynamik herangezogen.

Wie bereits beim Isotopieeffekt im Brechungsindex deutlich wurde (S. 20), spielen neben den direkten Masseeinflüssen vielfach auch indirekte eine Rolle, die sich in einer Beeinflussung der *Molekülgeometrie* oder des Molekülgitters äußern. Einer dieser indirekten Masseeinflüsse auf die Molekülgeometrie kann aus der Abb. 2 abgeleitet werden. Die Potentialkurve, die für einen harmonischen Oszillator symmetrisch sein sollte, ist in Wirklichkeit asymmetrisch (in Abb. 2 stark überzeichnet). Diese Asymmetrie bewirkt eine geringe Abhängigkeit der Bindungslänge von der Masse der Isotope. Das leichtere Isotop hat auf Grund seiner größeren Schwingungsamplitude den größeren mittleren Abstand zum Rest *R*. Dies führt zu unterschiedlichen Elektronendichten, Dipolmomenten und Quadrupol-Wechselwirkungskoeffizienten. Bei den Isotopieeffekten in den Dampfdrücken, Verdampfungswärmen, Umwandlungspunkten (thermodynamische Isotopieeffekte) und in den Molvolumina kondensierter Stoffe spielen die isotopen Änderungen in der Molekülstruktur und in den intermolekularen Wechselwirkungen eine Rolle. Auf die noch wenig entwickelte Theorie dieser einzelnen Isotopieeffekte soll hier nicht eingegangen werden.

## *3.2 Die statistische Theorie der Isotopieeffekte*

### *3.2.1. Die Berechnung thermodynamischer Isotopieeffekte*

Anstelle von kalorischen Daten (Abschnitt 3.1.) können auch spektroskopische Daten als Grundlage für die Ermittlung von thermodynamischen und reaktionskinetischen Isotopieeffekten dienen. In diesem Falle verwendet man zur Berechnung der Isotopieeffekte bestimmte Gleichungen der statistischen Thermodynamik: Die verschiedenen Energieanteile und -zustände, über die ein System verfügt und die sich in spektroskopischen Daten widerspiegeln, können mathematisch idealisiert durch eine (Molekül-)Zustandsumme $Q$ charakterisiert werden. Sie erstreckt sich über alle möglichen Zustände des — zunächst unmarkierten — Moleküls:

$$Q = \sum_i g_i \cdot e^{-\frac{E_i}{kT}} \tag{11}$$

($k$ = Boltzmann-Konstante; $T$ = absolute Temperatur;
$E_i$ = alle Energieniveaus aller Energieformen des Moleküls;
$g_i$ = statistisches Gewicht, mit dem die $E_i$ = auftreten.)

Die Gesamtenergie eines Moleküls setzt sich aus folgenden Anteilen näherungsweise additiv zusammen:

$$E = E_V + E_{R,a} + E_{R,i} + E_{Tr} + E_{R,V} + E_{El} + E_K. \tag{12}$$

(Die Indices der Energieanteile bedeuten: $V$ = Schwingungen; $R,a$ = äußere Rotation; $R,i$ = innere Rotation, bzw. Schwingung von Molekülteilen gegeneinander; $Tr$ = Translation; $R,V$ = Rotations-Schwingungs-Wechselwirkung; $El$ = Elektronenhülle; $K$ = Atomkern.)

Aus entsprechend vielen Produkten ist die Zustandssumme $Q$ zu bilden:

$$Q = Q_V \cdot Q_{R,a} \cdot Q_{R,i} \cdot Q_{Tr} \cdot Q_{R,V} \cdot Q_{El} \cdot Q_K. \tag{13}$$

Die einzelnen Anteile der Zustandssumme können nun getrennt berechnet werden.

*a)* Zur Berechnung des *Schwingungs*anteils $Q_V$ werden die Moleküle als harmonische Oszillatoren aufgefaßt. Für die Schwingungseigenwerte $E_V$ des harmonischen Oszillators liefert die Schrödinger-Gleichung

$$E_V = (n + 1/2)h\nu \tag{14}$$

($n$ = Schwingungsquantenzahl; $\nu$ = Eigenfrequenz des harmonischen Oszillators).

In die Gleichung 11 eingesetzt erhält man $Q_V$.

Man berechnet zunächst für jeden Freiheitsgrad allein die Summe der Exponentialausdrücke aller Quantenzahlen und erhält für nichtlineare Moleküle $Q_V$ als ein Produkt aus $3n$-6 Faktoren für alle Schwingungsfreiheitsgrade $i$

$$. Q_V = \prod_i^{3n-6} \frac{e^{-\frac{h\nu_i}{2kT}}}{1 - e^{-\frac{h\nu_i}{kT}}} = \prod_i^{3n-6} \frac{e^{-\frac{u_i}{2}}}{1 - e^{-u_i}} \qquad (15)$$

$\left(\text{mit } \frac{h\nu_i}{kT} = u_i\right)$.

Für lineare Moleküle sind $3n$-5 Normalschwingungen zu berücksichtigen.

*b*) Die *äußere Molekülrotation* hat den Energieanteil

$$E_{R,a} = \frac{h^2}{8\pi^2 I}\, n_r(n_r + 1) \qquad (16)$$

($n_r$ Rotationsquantenzahl)

und bildet die Zustandssummen

$$Q_{R,a} = \frac{(8\pi^2 kT)^{3/2}(\pi I_1 I_2 I_3)^{1/2}}{s \cdot h^3} \qquad (17)$$

für nichtlineare Moleküle und

$$Q_{R,a} = \frac{8\pi^2 kTI}{s \cdot h^2} \qquad (18)$$

für lineare Moleküle.

($I$ = Trägheitsmomente; $s$ = Symmetriezahlen.)

*c*) Energieanteil und Zustandssumme der *inneren Rotation* lauten

$$E_{R,i} = \frac{1}{2} U_0 (1 - \cos \varkappa\varphi) \tag{19}$$

$$Q_{R,i} = \frac{2\pi}{\varkappa} \frac{(2\pi I_r kT)^{1/2}}{h} \cdot e^{-x} \left\{ I_0(x) - \frac{u^2}{24} I_1(x) \right\} \tag{20}$$

($U_0$ = maximales Hemmungspotential der inneren Rotation; $\varkappa$ = Symmetriezahlen; $I_r$ = reduziertes Trägheitsmoment; $x = \frac{U_0}{2kT}$; $u = \frac{h\nu}{kT}$; $I_0(x)$ und $I_1(x)$ modifizierte Bessel-Funktion, tabelliert von R. Haberlandt, G. Vojta, Kernenergie 5 (1962) 321).

*d*) Für den *Translationsanteil* gilt

$$E_{Tr} = \frac{1}{2m} p^2 \tag{21}$$

$$Q_{Tr} = \left( \frac{2\pi mkT}{h^2} \right)^{3/2} V \tag{22}$$

($m$ = Molekülmasse; $p$ = Impuls; $V$ = Volumen des idealen Gases).

*e*) Die *Rotations-Schwingungs-Wechselwirkung* ist vernachlässigbar klein, und man setzt deshalb $Q_{R,V} = 1$.

*f*) Die Anteile $Q_{El}$ und $Q_K$ werden nur durch die Entartung der Grundzustände $g_{El}$ und $g_K$ berücksichtigt.

Somit lautet die *Gesamtzustandssumme* unter der Berücksichtigung der wichtigstens Anteile (z. B. Gl. 22, 17, 15)

$$Q = \left( \Sigma g_{Tr} \cdot e^{-\frac{E_{Tr}}{kT}} \right) \left( \Sigma g_R \cdot e^{-\frac{E_R}{kT}} \right) \left( \Sigma g_V \cdot e^{-\frac{E_V}{kT}} \right) g_{El} g_K . \tag{23}$$

Auf der Grundlage dieser Gleichungen können nun verschiedene Arten von thermodynamischen Isotopieeffekten aus Verhältnissen von Zustandssummen der isotopen

Moleküle berechnet werden. Ganz allgemein gilt

$$K = \frac{Q_1}{Q_2} \cdot e^{-\frac{\Delta E}{kT}} \tag{24}$$

(Index 1 = leichtes Isotop; Index 2 = schweres Isotop).

Für die Zustandssummen sind die Ausdrücke für die isotopen Moleküle, also beispielsweise für die Schwingungsanteile die zugehörigen Frequenzen $\nu_1$ und $\nu_2$ einzusetzen. Für die verschiedenen Arten von thermodynamischen Gleichgewichten, bei denen Isotopieeffekte auftreten können, werden unterschiedliche Berechnungswege verwendet.

Für ein chemisches *Isotopenaustausch-Gleichgewicht* zwischen den Molekülen $A$ und $B$, die beide über das leichte („1“) und das schwere („2“) Isotop eines Elements verfügen ($A_1$, $A_2$, $B_1$, $B_2$), gilt mit

$$nA_1 + mB_2 \rightleftharpoons nA_2 + mB_1$$

$$(\text{z. B. } NH_3 + 3\,HOD \rightleftharpoons ND_3 + 3\,H_2O)$$

$$K = \frac{\left(\frac{Q(A_2)}{Q(A_1)}\right)^n}{\left(\frac{Q(B_2)}{Q(B_1)}\right)^m} = \frac{[f(A)]^n}{[f(B)]^m}. \tag{25}$$

Durch eine veränderte Schreibweise werden die Symmetriezahlen isoliert (sie rufen keinen Isotopieeffekt hervor!), und man gelangt zur sog. reduzierten Gleichgewichtskonstante

$$K_r = \frac{\left[\frac{s_2}{s_1} f(A)\right]^n}{\left[\frac{s_2}{s_1} f(B)\right]^m} \tag{26}$$

$$K = K_r \left(\frac{s(A_1)}{s(A_2)}\right)^n \left(\frac{s(B_2)}{s(B_1)}\right)^m. \tag{27}$$

Das nach BIGELEISEN und GOEPPERT-MAYER definierte reduzierte Zustandssummenverhältnis $\frac{s_2}{s_1} \cdot f$ ergibt sich zu

$$\frac{s_2}{s_1} f = \prod_{k=1}^{n} \left(\frac{m_{1k}}{m_{2k}}\right)^{3/2} \cdot \frac{s_2}{s_1} \cdot \frac{Q_2}{Q_1} = \prod_{i=1}^{3n-6} \frac{u_{2i}}{u_{1i}} \cdot \frac{\mathrm{Sin}\,\frac{u_{1i}}{2}}{\mathrm{Sin}\,\frac{u_{2i}}{2}} \tag{28}$$

($m_{1k}$, $m_{2k}$ Isotopenmassen im Molekül $k$).

Es ist nach Anwendung der Produktregel von TELLER und REDLICH und unter Berücksichtigung der Zustandssummen-Anteile $Q_V$, $Q_{R.a}$ und $Q_{Tr}$ aus dem Verhältnis der Gesamtzustandssummen $\frac{Q_2}{Q_1}$ hervorgegangen.

Für die Anwendung von Gleichung (28) wurden von BIGELEISEN und anderen einige Näherungsformeln angegeben, z. B.

$$\frac{s_2}{s_1} f = 1 + \sum_{i=1}^{3n-6} G(u_i)\, \Delta\, u_i \tag{29}$$

mit $G(u_i) = \frac{1}{2} - \frac{1}{u_i} + \frac{1}{e^{u_i} - 1}$ (nicht für Wasserstoffisotope!).
$G(u_i)$ läuft von 0 bis 1/2 und liegt tabelliert vor.

$K_r$ lautet dann

$$K_r = \frac{\{1 + \Sigma\, G(u_i)\, \Delta\, u_i\}_A^n}{\{1 + \Sigma\, G(u_i)\, \Delta\, u_i\}_B^m}. \tag{30}$$

In den Gleichungen (28) und (30) treten nur noch die Schwingungsfrequenzen explizit als Unbekannte auf.

Aus den reduzierten Zustandssummenverhältnissen kann man einige Gesetzmäßigkeiten über die Größe und die Richtung von Isotopieeffekten ableiten, die zum Teil auch aus dem im Abschnitt 3.1. besprochenen einfachen

Modell der Nullpunktsenergien (Abb. 2 und 3) folgen:

1. Da meist $u_{2i} < u_{1i}$, ist $\frac{s_2}{s_1} f > 1$, das heißt, der Zahlenwert des Isotopieeffektes ist gewöhnlich $> 1$.

2. Da $\ln \left(\frac{s_2}{s_1}\right) f \cong m_2 - m_1$, steigt der Isotopieeffekt mit steigender relativer Massendifferenz der beteiligten Isotope an. Er ist somit am kleinsten für benachbarte Isotope der Transurane und am größten für $^1H$ und $^3H$.

3. Da $\lim\limits_{T \to \infty} \frac{s_2}{s_1} f = 1$, nimmt der Isotopieeffekt mit steigender Temperatur ab, um bei sehr hohen Temperaturen ganz zu verschwinden.

4. Da größere Moleküle mehr Schwingungsfreiheitsgrade besitzen als kleinere, ist — vergleichbare Struktur und das gleiche Schlüsselatom vorausgesetzt — die Aufenthaltswahrscheinlichkeit des schwereren Isotops im größeren Molekül größer als im kleineren. (Es gehen mehr Faktoren $> 1$ in das reduzierte Zustandssummenverhältnis der größeren isotopen Moleküle ein.) Dieser Zusammenhang wurde als WALDMANNsche Regel bekannt.

Für die Berechnung von *Dampfdruck-Isotopieeffekten* werden ebenfalls Zustandssummenverhältnisse benutzt, die jedoch zusätzlich die Eigenheiten der kondensierten Phase berücksichtigen müssen.
Definiert man den Trennfaktor (S. 79) als

$$\alpha = \frac{(N_1/N_2)_{\text{Dampf}}}{(N_1/N_2)_{\text{Kondensat}}}, \tag{31}$$

($N_1$, $N_2$ = Atombrüche des leichten und des schweren Isotops).
so ergibt sich

$$\alpha = \frac{(Q_1/Q_2)_A}{(Q_1/Q_2)_B}. \tag{32}$$

Eine von BIGELEISEN angegebene Näherungsformel zur Berechnung des Trennfaktors lautet

$$\ln \alpha = \frac{1}{24N} \cdot \frac{\hbar^2}{k^2T^2} \sum_{i=1}^{3n-6} \left[\frac{1}{m_{1i}} - \frac{1}{m_{2i}}\right] \cdot (a_{ii} - b_{ii}) + 0\left(\frac{\hbar}{kT}\right)^4 \qquad (33)$$

$\left(a_{ii}, b_{ii} = \text{Kraftkonstanten}; \hbar = \frac{h}{2\pi}\right).$

Im Rahmen der statistischen Thermodynamik behandelte BIGELEISEN in ähnlicher Weise auch die Isotopieeffekte in don *Verdampfungswärmen*, *Umwandlungspunkten* und *Molvolumina kondensierter Stoffe*.

Die Berechnung der Isotopieeffekte von *Adsorptionsgleichgewichten* erfolgt ebenfalls über Zustandssummenverhältnisse, so z. B. für die Ermittlung des Quotienten der Verweilzeiten der isotopen Moleküle in einer chromatographischen Säule:

$$\alpha = \frac{t_2 - t_0}{t_1 - t_0} = e^{-\frac{\Delta G_2 - \Delta G_1}{RT}} = e^{-\frac{\Delta F_2 - \Delta F_1}{RT}} \qquad (34)$$

$$\alpha = \frac{t_2 - t_0}{t_1 - t_0} = \frac{Q_1}{Q_2}. \qquad (35)$$

### 3.2.2. Die Theorie der reaktionskinetischen Isotopieeffekte

Um reaktionskinetische Isotopieeffekte auf die prinzipiell gleiche Art zu deuten und zu berechnen wie die thermodynamischen Isotopieeffekte, bedient man sich der EYRING'schen *Theorie des Übergangszustandes* (transition state theory)*.

*) Daneben sind andere Theorien bekannt, die jedoch bisher keine vergleichbare Anerkennung gefunden haben.

Zwischen den Ausgangsstoffen $A$ und $B$ einer Reaktion einerseits und einem (fiktiven) Übergangszustand $X^{\neq}$ („aktivierter Komplex“, der dem maximalen Energieinhalt der betrachteten Reaktionsstufe entspricht) andererseits wird ein thermodynamisches Gleichgewicht postuliert, das dem Massenwirkungsgesetz genügt und einer statistisch-thermodynamischen Behandlung zugänglich ist.

$$A + B \rightleftharpoons (X^{\neq}) \rightarrow \mathrm{C} + D \qquad (36)$$

$$K^{\neq} = \frac{[X^{\neq}]}{[A][B]} \qquad (37)$$

$$K^{\neq} = \frac{Q^{\neq}}{Q^{(A)}\,Q^{(B)}} \qquad (38)$$

Um den Zusammenhang zur Reaktionskinetik und zur Geschwindigkeitskonstante $k_1$ herzustellen, spaltet man aus $Q^{\neq}$ einen bestimmten Schwingungsfreiheitsgrad ab. Dieser Schwingung ordnet man eine sehr große Amplitude bzw. niedrige Frequenz $\nu^{\neq}$ zu und versteht sie als Bewegung entlang der Reaktionskoordinate („Reaktionsmode“), die zum Zerfall des aktivierten Komplexes führt. Damit sind dann für den Übergangszustand nur noch $3n$-7 statt $3n$-6 Freiheitsgrade zu berechnen.
Man erhält:

$$Q^{\neq} = \frac{kT}{h\nu^{\neq}} \cdot Q_{\neq}\,. \qquad (39)$$

Die Reaktionsgeschwindigkeitskonstante $k_1$ ist definiert als

$$v = k_1 \cdot [A][B], \qquad (40)$$

die Geschwindigkeit $v$ ist andererseits

$$v = \nu^{\neq} \cdot [X^{\neq}]. \qquad (41)$$

Die Beziehungen (37) bis (41) ergeben dann

$$\nu^{\ddagger}[X^{\ddagger}] = [A][B]\frac{kT}{h}\cdot\frac{Q_{\ddagger}}{Q_A Q_B} \tag{42}$$

$$k_1 = \frac{kT}{h}\cdot\frac{Q_{\ddagger}}{Q_A Q_B} = \frac{kT}{h}\cdot K^{\ddagger}. \tag{43}$$

Mit dieser Gleichung ist der Zusammenhang zwischen $k_1$ und $K$ hergestellt.

Will man die Geschwindigkeiten der Reaktionen des leichten Isotops und des schweren Isotops miteinander vergleichen, so erhält man als reaktionskinetischen Isotopieeffekt den Quotienten aus den Reaktionsgeschwindigkeitskonstanten der Reaktion des leichten ($k_1$) und des schweren ($k_2$) Isotops:

$$\begin{aligned} k_1 &= \frac{kT}{h}\cdot K'_{1\ddagger} \\ k_2 &= \frac{kT}{h}\cdot K'_{2\ddagger} \end{aligned} \tag{44}$$

$$\frac{k_1}{k_2} = \frac{K_{1\ddagger}}{K_{2\ddagger}}. \tag{45}$$

Damit ist der reaktionskinetische Isotopieeffekt $k_1/k_2$ auf die Gleichgewichtskonstanten für die Bildung des Übergangszustandes zurückgeführt.

Der Zusammenhang zur Reaktionsarbeit wird durch die Gleichung (46) vermittelt:

$$\Delta G = -RT \ln K. \tag{46}$$

Der Quotient zweier Gleichgewichts- oder Geschwindigkeitskonstanten entspricht demzufolge der Differenz zweier Freie-Enthalpie-Änderungen beim Übergang vom

Ausgangszustand zum Übergangszustand einer Reaktion:

$$- RT \ln \frac{K'_{1\ddagger}}{K'_{2\ddagger}} = - RT \ln \frac{k_1}{k_2}$$

$$= \Delta\, G_1^{\ddagger} - \Delta\, G_2^{\ddagger} = \Delta(\Delta\, G^{\ddagger}). \tag{47}$$

Der einfachen auf S. 22 angeführten Näherung folgend wird $-\Delta(\Delta\, G^{\ddagger})$ als $-\Delta(\Delta\, H^{\ddagger})$ der Differenz der Nullpunktsenergien $\Delta\, E_0$ von experimentell meßbaren Streckschwingungen des leichten und des schweren Isotops gleichgesetzt. Andere Energieformen bleiben dabei unberücksichtigt (vergleiche Abb. 3).

Die statistische Thermodynamik hingegen liefert ausgehend von den Gleichungen (38) und (45) folgenden Berechnungsweg:

$$\frac{k_1}{k_2} = \frac{Q_2^{(\mathrm{A})} \cdot Q_1^{\ddagger}}{Q_1^{(\mathrm{A})} \cdot Q_2^{\ddagger}} \tag{48}$$

Die $Q^{(B)}$ ($B$ ist nicht isotop substituiert) aus Gleichung (38) heben sich bei der Division heraus. Die Nullpunktsenergien erscheinen in den Faktoren $e^{-\frac{u_i}{2}}$ von Gleichung (15). Unberücksichtigt bleiben in Gleichung (48) der Beitrag des Tunneleffektes (S. 123) und der Anharmonizität der Potentialkurve (Abb. 2), wenn man für $Q$ Gleichung (23) ansetzt. Diese Anteile sind im wesentlichen nur bei den Wasserstoffisotopen zu berücksichtigen.

Nach Bigeleisen benötigt man für die Berechnung des reaktionskinetischen Isotopieeffektes aus den Zustandssummen der Gleichung (48) unter der Berücksichtigung der Translations-, Rotations- und Vibrationsterme folgenden Ausdruck:

$$\frac{k_1}{k_2} = \frac{\dfrac{(I_a I_b I_c)_2^{1/2}}{(I_a I_b I_c)_1^{1/2}} \left(\dfrac{M_2}{M_1}\right)^{3/2}}{\dfrac{(I_a I_b I_c)_{2\ddagger}^{1/2}}{(I_a I_b I_c)_{1\ddagger}^{1/2}} \left(\dfrac{M_2^{\ddagger}}{M_1^{\ddagger}}\right)^{3/2}} \cdot \frac{\prod\limits_{i=1}^{3n-6} \dfrac{1 - e^{-u_{1i}}}{1 - e^{-u_{2i}}} \cdot e^{\frac{u_{1i} - u_{2i}}{2}}}{\prod\limits_{i=1}^{3n-7} \dfrac{1 - e^{-u_{1i}\ddagger}}{1 - e^{-u_{2i}\ddagger}} \cdot e^{\frac{u_{1i}\ddagger - u_{2i}\ddagger}{2}}} \tag{49}$$

($I_a$, $I_b$, $I_c$ = Hauptträgheitsmomente, $M_1$, $M_2$ = Gesamtmasse der Moleküle mit dem leichten und dem schweren Isotop).

Da sich die Hauptträgheitsmomente für größere Moleküle nur umständlich berechnen lassen, eliminiert man sie durch Umformung der Gleichung (49) mit Hilfe der Produktregel von TELLER und REDLICH zu Gleichung (50).

$$\frac{k_1}{k_2} = \frac{\nu_1^{\ddagger}}{\nu_2^{\ddagger}} \frac{\prod_{i=1}^{3n-6} \frac{u_{2i}}{u_{1i}} \cdot \frac{1 - e^{-u_{1i}}}{1 - e^{-u_{2i}}} \cdot e^{\frac{u_{1i} - u_{2i}}{2}}}{\prod_{i=1}^{3n-7} \frac{u_{2i}^{\ddagger}}{u_{1i}^{\ddagger}} \cdot \frac{1 - e^{-u_{1i}^{\ddagger}}}{1 - e^{-u_{2i}^{\ddagger}}} \cdot e^{\frac{u_{1i}^{\ddagger} - u_{2i}^{\ddagger}}{2}}} \tag{50}$$

$\nu^{\ddagger}$ entspricht der Bewegung entlang der Reaktionskoordinate in Abb. 3.

Das Verhältnis $\frac{\nu_1^{\ddagger}}{\nu_2^{\ddagger}}$ kann auch als $\left(\frac{m_2^{\ddagger}}{m_1^{\ddagger}}\right)^{1/2}$ umschrieben werden, wobei $m^{\ddagger}$ die sog. effektive Masse entlang der Reaktionskoordinate darstellt.

Anstelle von Gleichung (50) kann für die *schwereren Elemente* des Periodensystems in Analogie zu Gleichung (29) die einfachere Gleichung (51) benutzt werden.

$$\left(\frac{k_1}{k_2}\right) \left(\frac{s_2 s_1^{\ddagger}}{s_1 s_2^{\ddagger}}\right) \left(\frac{m_2^{\ddagger}}{m_1^{\ddagger}}\right)^{1/2}$$

$$\times \left[1 + \sum_i^{3n-6} G(u_i)\, \Delta u_i - \sum_i^{3n-7} G(u_i^{\ddagger})\, \Delta u_i^{\ddagger}\right] \tag{51}$$

($G(u_i)$ vergl. Gleichung (29))

BIGELEISEN berechnete nach Gleichung (51) die maximal möglichen Werte der reaktionskinetischen Isotopieeffekte für eine Anzahl von Isotopenpaaren, indem er $\sum_i G(u_i^{\ddagger})\, \Delta u_i^{\ddagger} = 0$ setzte, d. h., einen völlig bindungsfreien Übergangszustand zugrundelegte. Einige dieser theoretischen Maximalwerte sind in der Tab. 3 aufgeführt.

Tabelle 3: *Berechnete Maximalwerte der reaktionskinetischen Isotopieeffekte bei 25°C* (nach J. BIGELEISEN [17])

| Isotop $A_1$ | Isotop $A_2$ | $\frac{k_1 s_2 s_1^{\ddagger}}{k_2 s_1 s_2^{\ddagger}}$ |
|---|---|---|
| $^{1}H$ | D | 18 |
| $^{1}H$ | T | 60 |
| $^{6}Li$ | $^{7}Li$ | 1,1 |
| $^{7}Be$ | $^{9}Be$ | 1,15 |
| $^{9}Be$ | $^{10}Be$ | 1,08 |
| $^{10}B$ | $^{11}B$ | 1,3 |
| $^{12}C$ | $^{13}C$ | 1,25 |
| $^{12}C$ | $^{14}C$ | 1,5 |
| $^{13}N$ | $^{14}N$ | 1,14 |
| $^{14}N$ | $^{15}N$ | 1,14 |
| $^{14}N$ | $^{16}N$ | 1,25 |
| $^{16}O$ | $^{18}O$ | 1,19 |
| $^{18}F$ | $^{19}F$ | 1,25 |
| $^{22}Na$ | $^{23}Na$ | 1,03 |
| $^{23}Na$ | $^{24}Na$ | 1,03 |
| $^{24}Mg$ | $^{27}Mg$ | 1,08 |
| $^{31}P$ | $^{32}P$ | 1,02 |
| $^{32}S$ | $^{35}S$ | 1,05 |
| $^{40}Ca$ | $^{45}Ca$ | 1,08 |
| $^{127}J$ | $^{131}J$ | 1,02 |

Für die *Wasserstoffisotope* sind die Vereinfachungen der Gleichung (51) unzulässig. Hier kann z. B. als sehr grobe Vereinfachung angenommen werden, daß das kleine Protium-, Deuterium- oder Tritiumatom gegen einen sehr viel schwereren Molekülrest schwingt, der als relativ in sich ruhende Einheit angesehen wird. Infolgedessen wird für das gesamte Molekül nur *eine* Streckschwingung für die Bindungsspaltung berücksichtigt, die im Falle des H/D-Isotopieeffektes als $R$—H und $R$—D zu symbolisieren ist. Da als Bindungspartner des Wasserstoffs in der organischen Chemie hauptsächlich Kohlenstoff, Sauerstoff, Stickstoff und Schwefel auftreten, kommen die Streckschwingungsfrequenzen $\frac{C-H}{C-D}$, $\frac{O-H}{O-D}$, $\frac{N-H}{N-D}$ und $\frac{S-H}{S-D}$ infrage.

Zugrundegelegt wird dabei ein einfaches Zwei-Zentren-Modell. Die resultierende Gleichung ist sehr einfach, weil die übrigen $3n$-7 Freiheitsgrade des Ausgangszustands und die $3n$-7 Freiheitsgrade des Übergangszustands entfallen:

$$\frac{k_H}{k_D} = \frac{s_H s_D^{\ddagger}}{s_H^{\ddagger} s_D} \cdot \frac{\nu_H^{\ddagger}}{\nu_D^{\ddagger}} \cdot \frac{u_D}{u_H} \cdot \frac{1 - e^{-u_H}}{1 - e^{-u_D}} \cdot e^{\frac{u_H - u_D}{2}}. \qquad (52)$$

Da die meisten Schwingungsfrequenzen der Wasserstoffbindung $> 1000\ \mathrm{cm}^{-1}$ sind, kann weiterhin $e^{-u}$ bei gewöhnlichen Temperaturen vernachlässigt werden. Außerdem werden $\frac{\nu_H^{\ddagger}}{\nu_D^{\ddagger}}$ und $\frac{u_D}{u_H} = 1$, wenn man beide Ausdrücke als Verhältnisse der reduzierten Massen von $R$—H und $R$—D schreibt. Der verbleibende Ausdruck

$$\frac{k_H}{k_D} = \frac{s_H \cdot s_D^{\ddagger}}{s_H^{\ddagger} \cdot s_D} \cdot e^{\frac{u_H - u_D}{2}} \qquad (53)$$

ist so einfach, daß er eine schnelle Abschätzung der Größe des Isotopieeffektes ermöglicht. Die auf diese Weise von Wiberg berechneten Werte der Deuterium-Isotopieeffekte sind in der Tabelle 15 (Seite 99) referiert.

Nach dem Zwei-Zentren-Modell müßten isotope Verbindungen unabhängig vom Reaktionspartner immer die gleichen Isotopieeffekte ergeben. Das ist, wie im Kapitel 6. näher gezeigt wird, offensichtlich nicht der Fall. Aus diesem Grunde ist ein anderes Modell vorgeschlagen worden, das den Reaktionspartner, im Falle des Wasserstoff-Isotopieeffektes also im allgemeinen den Wasserstoffakzeptor, berücksichtigt (Drei-Zentren-Modell). Der Übergangszustand der Reaktion

$$A{-}\mathrm{H} + B \rightarrow B{-}\mathrm{H} + A$$

ist zu symbolisieren als

$$[A \cdots \mathrm{H} \cdots B].$$

Die asymmetrische Streckschwingung

$$[\overleftarrow{A} \cdots \overrightarrow{\mathrm{H}} \cdots \overleftarrow{B}]$$

geht im Übergangszustand definitionsgemäß in eine Translation über.
Die symmetrische Streckschwingung

$$[\overleftarrow{A} \cdots \mathrm{H} \cdots \overrightarrow{B}]$$

bleibt nach WESTHEIMER nur so lange durch eine isotope Substitution unbeeinflußt, als das H, D oder T tatsächlich den Schwingungsmittelpunkt bildet. Sobald sich das Wasserstoffisotop im Übergangszustand näher an $B$ als an $A$ oder näher an $A$ als an $B$ befindet — $[A \cdots\cdot \mathrm{H} \cdot\cdot B]$ oder $[A \cdot\cdot \mathrm{H} \cdots\cdot B]$ —, fällt es nicht mehr mit dem Schwerpunkt der symmetrischen Schwingung zusammen, sondern schwingt selbst mit. Die Frequenz dieser Schwingung ist nach Gleichung (8) massenabhängig. Jede unsymmetrische Lage des Isotops im Übergangszustand bedeutet damit eine Differenz der Aktivierungsenergieniveaus im Übergangszustand und folglich eine Verkleinerung des Isotopieeffektes (Abb. 1).

Die Vorausberechnung eines reaktionskinetischen Isotopieeffektes für eine spezielle Verbindung und Reaktion ist selbst unter vereinfachenden Voraussetzungen bereits bei kleinen Molekülen sehr aufwendig. Bei großen Molekülen läßt sich der sehr stark ansteigende Rechenaufwand durch Symmetriebetrachtungen und durch das sogenannte „cut-off"-Verfahren einschränken. WOLFS-

BERG und STERN konnten zeigen, daß Molekülteile, die weiter als zwei Bindungen vom Reaktionszentrum entfernt sind, keinen wesentlichen Beitrag mehr zur Größe des primären reaktionskinetischen Isotopieeffektes liefern [48]. Mit Hilfe großer Rechenanlagen der dritten Generation lassen sich auf diese Weise 20-atomige Moleküle in einigen Minuten berechnen. Dadurch ist man heute prinzipiell in der Lage, Isotopieeffekte durch sogenannte

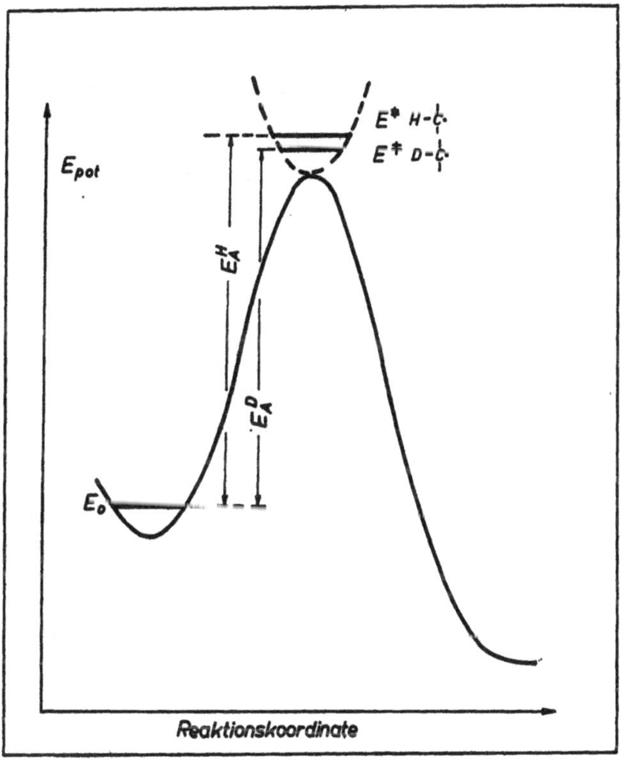


Abb. 4: Kleine oder inverse Isotopieeffekte durch Nullpunktsenergie-Differenzen im Übergangszustand.

Computer-Experimente vorauszusagen, z. B. den Einfluß von Strukturparametern, wenn auch der finanzielle Aufwand sehr hoch ist. Die Übereinstimmung der berechneten Werte mit den im chemischen Laboratorium gemessenen ist meist noch sehr unbefriedigend, und die Modelle werden zur besseren Angleichung an die Praxis ständig verfeinert. Mit Hilfe der Computer-Experimente werden künftig Erkenntnisse zu gewinnen sein, die anders nur durch zeitraubende Versuchsreihen im Laboratorium möglich wären. Vorerst sind dazu jedoch auf vielen Gebieten noch Voraussetzungen zu schaffen, nicht zuletzt in Form weiteren experimentellen Materials, das dem Brückenschlag zwischen Theorie und Praxis dient.

Im Rahmen dieses kurzen Überblicks mußte vieles über die Theorie der Isotopieeffekte unausgesprochen bleiben bzw. vereinfacht dargestellt werden, und der tiefer Interessierte sei auf die zitierte Literatur verwiesen [5, 8, 17].

# 4. Isotopieeffekte in der Physik

Unter Isotopieeffekten in der Physik werden im vorliegenden Kapitel die Isotopieeffekte in einigen physikalischen Eigenschaften und in der Bewegung von Materie sowie — bedingt — in einigen kernphysikalischen Eigenschaften zusammengefaßt. Die in der Abb. 1 angegebene Unterteilung des Stoffes soll nicht etwa das Ordnungsprinzip dieses Fachgebietes widerspiegeln, sondern lediglich eine Hilfe bei der Zuordnung der verschiedenen Isotopieeffekte sein. Viele dieser Isotopieeffekte sind die Grundlage von Verfahren der Isotopentrennung oder der Isotopenanalyse.

Die thermodynamischen Isotopieeffekte in Phasengleichgewichten werden zusammen mit den chemisch-thermodynamischen Isotopieeffekten im Kapitel 5. besprochen.

## *4.1. Isotopieeffekte in der Dichte*

Der wohl bekannteste und bereits in die Umgangssprache eingegangene Begriff aus dem Gebiet der Isotopieeffekte ist „schweres Wasser" als Bezeichnung für $D_2O$, d. h., für Wasser, dessen Wasserstoff etwa doppelt so schwer wie der im natürlich vorkommenden Wasser ist. Daraus resultiert eine um etwa 10% höhere Dichte für $D_2O$:

$$d_4^{20}\ H_2O = 0{,}998232\ g/ml$$

$$d_4^{20}\ D_2O = 1{,}10536\ g/ml.$$

Erwartungsgemäß sind die Dichteunterschiede bei den Wasserstoffisotopen am größten und dort wiederum bei den Verbindungspaaren $T_2/H_2$ und $D_2/H_2$. Eine Berechnung der Dichten aus den Molekulargewichten nach

$$\frac{d_1}{d_2} = \frac{M_1}{M_2}$$

führt nicht zu den genauen Werten, da dies übereinstimmende Molvolumina voraussetzt, und das trifft nicht zu. So nimmt z. B. der bei tiefen Temperaturen sehr kleine Unterschied in den Molvolumina von $H_2O$ und $D_2O$ mit der Temperatur stark zu. Das Molvolumen von $D_2O$ ist bei 25 °C um 0,4% und bei 370 °C um 11% größer als das von $H_2O$. Bei 370 °C stimmen dann die Dichten von $H_2O$ und $D_2O$ überein. Eine Zusammenstellung der Dichte- und Molvolumen-Verhältnisse für einige isotope Wasserstoffverbindungen erfolgte in der Tab. 4.

Bei 25 °C beträgt die Dichte von $H_2{}^{18}O$ (bei natürlicher Deuteriumhäufigkeit) $1{,}109378 \pm 0{,}000033$ g/ml und von $D_2{}^{18}O$: $1{,}21393 \pm 0{,}00008$ g/ml.

Auf den Isotopieeffekten in der Dichte beruhen einige Methoden der Isotopenanalyse:

*a*) Wasserstoff- und Sauerstoff-Isotopenanalyse am Was-

Tabelle 4: *Dichte- und Molvolumen-Verhältnisse bei einigen flüssigen Wasserstoff- und Deuteriumverbindungen [1]*

| | | $t$°C | $d_D/d_H$ | $V_D/V_H$ |
|---|---|---|---|---|
| $D_2$ | $H_2$ | −254 | 2,242 | 0,892 |
| $T_2$ | $H_2$ | −253 | 3,560 | 0,846 |
| $D_2O$ | $H_2O$ | 25 | 1,10775 | 1,004 |
| $D_2O_2$ | $H_2O_2$ | 25 | 1,058 | 1,003 |
| $ND_3$ | $NH_3$ | 25 | 1,349 | 1,003 |
| $CDCl_3$ | $CHCl_3$ | 20 | 1,007 | 0,998 |
| $CD_3COOD$ | $CH_3COOH$ | 25 | 1,069 | 0,998 |
| $C_6D_6$ | $C_6H_6$ | 20 | 1,079 | 0,998 |
| $CH_3OD$ | $CH_3OH$ | 25 | 1,0286 | 1,0028 |
| $C_2H_5OD$ | $C_2H_5OH$ | 25 | 1,0196 | 1,0025 |
| $CH_3(CH_2)_3OD$ | $CH_3(CH_2)_3OH$ | 25 | 1,0112 | 1,0030 |
| $CH_3COOD$ | $CH_3COOH$ | 25 | 1,016 | 1,0006 |

ser mit Hilfe der *Pyknometrie*, der *Schwimmermethoden* und der *Tropfenmethoden.*

Die häufig angewandte „Methode des fallenden Tropfens“ — Bestimmung der Fallzeit eines Wassertropfens in einem mit Wasser nicht mischbaren Medium von etwas geringerer Dichte — erlaubt Isotopenanalysen am Wasserstoff mit einer Genauigkeit bis zu ± 0,003 Atom-% D im Bereich von > 0 bis 1 Atom-% D. Eine sorgfältige Reinigung der Wasserprobe und eine hohe Temperaturkonstanz sind dazu Voraussetzung.

*b*) Isotopenanalysen an Edelgasen, sowie an $N_2$, $O_2$, HCl u. anderen Gasen mit Hilfe der *Gasdichtewaage.*

*c*) Isotopenanalysen an Feststoffen wie z. B. an Magnesiumkristallen, die in einem inerten Medium schweben.

Während Isotopieeffekte in der Dichte von Gasen, Flüssigkeiten und Feststoffen seit langem bekannt sind und angewendet werden, beginnt man erst in jüngster Zeit mit dem Studium von Isotopieeffekten in verschiedenen Erscheinungen der *Festkörperphysik.* Zu diesem noch weitgehend unerschlossenen Gebiet gehören Isotopieeffekte in der *Schallgeschwindigkeit*, in *Elektronen-Phononen-Wechselwirkungen*, *Kompressibilitäten*, *Umwandlungstemperaturen* enantiotroper Modifikationen, *Kristallsymmetrien* und allgemein *Gitterschwingungen*. So folgt z. B. der Isotopieeffekt der Schallgeschwindigkeit in Metallen daraus, daß die Gitterschwingungsfrequenz umgekehrt proportional der Wurzel aus der Masse des Isotops ist.

## *4.2. Physikalisch-kinetische Isotopieeffekte*

Die Bewegungsgeschwindigkeit von Atomen und Molekülen ist bekanntlich masseabhängig, so daß isotope Moleküle in den verschiedensten Bewegungsformen Isotopieeffekte zeigen. Dazu gehören *Diffusions-*, *Thermodiffusions-* und *Effusionsgeschwindigkeiten* einschließlich der *Wärmeleitung* und der *Viskosität* ebenso wie Geschwindigkeiten von *Phasenübergängen* (*Verdampfungs-*, *Kondensations-*, *Lösungs-* und *Kristallisationsgeschwindigkeiten*) und Bewegungen *geladener Teilchen* (*Ionenwanderung*, *elektrische Leitfähigkeit*, *Ablenkung im magnetischen Feld*).

### *4.2.1. Diffusion*

Nach Bunsen ist die Diffusionsgeschwindigkeit von Gasen umgekehrt proportional der Quadratwurzel aus dem Molekulargewicht, wenn der Porendurchmesser klein ist im Vergleich zur mittleren freien Weglänge der Gasmoleküle. Durch eine poröse Scheidewand diffundiert also bevorzugt das leichtere Isotop. Die Größe dieses Isotopieeffektes wird im allgemeinen durch den *elementaren Trennfaktor* $\alpha$ charakterisiert. Er ist nicht auf Isotopieeffekte bei der Diffusion beschränkt, sondern wird ganz allgemein bei solchen Isotopieeffekten verwendet, die

Grundlagen für Isotopentrennverfahren zu Gewinnung stabiler Isotope darstellen.

Der elementare Trennfaktor $\alpha$ wird definiert als

$$\alpha = \frac{\left(\frac{N_1}{N_2}\right)_{n+1}}{\left(\frac{N_1}{N_2}\right)_n} = \frac{\left(\frac{N_1}{1 - N_1}\right)_{n+1}}{\left(\frac{N_1}{1 - N_1}\right)_n} \tag{54}$$

($N_1$, $N_2$ = Atombrüche des leichteren und des schwereren Isotops nach dem $n$-ten bzw. $(n + 1)$ten Trennschritt oder in der $n$-ten und $(n + 1)$ten Phase).

Der Zahlenwert des elementaren Trenneffektes liegt im allgemeinen zwischen 1,1 und 1,001. Erst eine möglichst häufige Wiederholung dieses Elementarschrittes führt zu einer technisch interessanten Anreicherung eines Isotops. Die erste Isotopentrennung durch Ausnutzung des Isotopieeffektes der Diffusionsgeschwindigkeit gelang 1932 Gustav HERTZ. Er schaltete mehrere Diffusionszellen hintereinander, bei denen als „poröse Rohre" die Quecksilberdampfstrahlen von Quecksilberdiffusionspumpen dienten. Nach der Auftrennung der Neon- und der Wasserstoffisotope durch HERTZ gelang später die Trennung der Kohlenstoff-, Stickstoff- und Argonisotope und schließlich die technische Auftrennung der Uranisotope (als $UF_6$-Dampf) zur Gewinnung von $^{235}U$.

Der Isotopieeffekt in der Diffusionsgeschwindigkeit tritt außerdem in einem ganz anderen Zusammenhang in Erscheinung: Wird Tritium oder Deuterium als Tracerisotop zur Untersuchung der Selbstdiffusion von Wasserstoff oder Wasserstoffverbindungen verwendet, so wirkt dabei ein Isotopieeffekt, der das Ergebnis der Tracer-Untersuchung verfälschen kann. So beträgt z. B. die Korrektion für das gesuchte System

$H_2O + H_2O$ gegenüber dem Tracer-System

$H_2O + D_2O$ 2,6%.

Bei den Isotopen schwererer Elemente ist dieser Fehler wesentlich kleiner und kann zumeist vernachlässigt werden.

### 4.2.2. *Thermodiffusion*

Das aus den Lehrbüchern der Chemie jedem Chemiker geläufige CLUSIUS-DICKEL-*Trennrohr* nutzt den Isotopieeffekt in der Thermodiffusion zur präparativen Isotopentrennung aus. Neben der auf einem Temperaturgefälle beruhenden Entmischung von Komponenten unterschiedlicher Molekulargewichte spielen dabei auch Isotopieeffekte in den Trägheitsmomenten, den zwischenmolekularen Kräften und den Wärmeleitfähigkeiten eine Rolle. Die Vervielfachung der elementaren Isotopieeffekte geschieht in der Thermodiffusionskolonne durch die Überlagerung von *Thermodiffusion* und *Thermokonvektion* (Abb. 5). Die CLUSIUS-DICKEL-Trennrohre haben im allgemeinen einen Innendurchmesser von ca. 9 mm und eine Gesamtlänge zwischen 10 und 100 m. Sie dienen der Trennung der Edelgas-Isotope, aber auch der (Hoch-)Anreicherung von Deuterium, $^{13}$C, $^{14}$C, $^{15}$N und $^{18}$O.

### 4.2.3. *Effusion*

Auf dem Isotopieeffekt in der Geschwindigkeit, mit der ein Gas durch eine Düse strömt, beruhen ein Verfahren zur Isotopentrennung (*Trenndüse*, z. B. zur Gewinnung von $^{235}$U) und ein Verfahren zur Wasserstoff-Isotopenanalyse (*Effusiometrie*).

### 4.2.4. *Verhalten im Schwerefeld*

In jüngster Zeit erlangt die *Gaszentrifuge* verstärktes Interesse zur Anreicherung von $^{235}$U als Uranhexafluorid

[18]. Für Gase im Schwerefeld einer Zentrifuge ist die barometrische Höhenformel anzusetzen

$$p = p_0 \cdot e^{\frac{-E_{pot}}{kT}} . \tag{55}$$

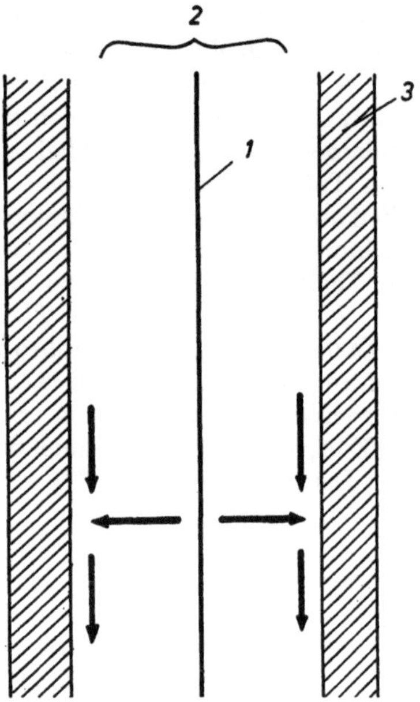


Abb. 5: Prinzip des Thermodiffusions-Trennrohres nach CLUSIUS und DICKEL. 1 = Heizdraht; 2 = Trennrohr; 3 = Kühlmantel; die Pfeilrichtung gibt die Bewegung des schwereren Isotops an.

$E_{pot}$ ist masseabhängig ($E_{pot} = 2\pi^2\nu^2 m(r_a^2 - r^2)$ mit $r$ = Radius, an dem sich das betrachtete Molekül befindet; $r_a$ = Radius der Zentrifuge und $\nu$ = Umlauffrequenz), so daß gilt:

$$\frac{p_l}{p_s} = \frac{(p_l)_a}{(p_s)_a} \cdot \exp \frac{2\pi^2 \nu^2 (r_a^2 - r^2)\, \Delta m}{kT} \qquad (56)$$

mit $\Delta m = m_s - m_l$.

Der daraus folgende Trennfaktor $\alpha$ ist somit eine Funktion der *absoluten* (und nicht, wie bei den meisten anderen Verfahren, der relativen) Massendifferenz der zu trennenden Isotope. Für die Trennung der Isotope schwerer Elemente ist das ein entscheidender Vorteil, der auch in der Größe des Trennfaktors für die $^{235}$U-Anreicherung zum Ausdruck kommt:

Gaszentrifuge $\sim$ 1,07

Diffusionsanlage $\sim$ 1,004.

Die Schwierigkeiten des Gaszentrifugen-Verfahrens liegen auf technologischem Gebiet. Außerdem ist der Durchsatz geringer als beim Diffusionsverfahren.

### 4.2.5. *Viskosität und Wärmeleitung*

Sowohl für die Viskosität als auch für die Wärmeleitung besteht nur bei wenigen Substanzen ein proportionales Verhältnis zur Quadratwurzel aus der Molmasse. Einige zum Teil unverhältnismäßig große Isotopieeffekte in der Viskosität sind in der Tab. 5 zusammengestellt.

Für Isotopenanalysen sind Viskositätsmessungen im allgemeinen zu ungenau. Im günstigsten Falle läßt sich der Deuteriumgehalt von gasförmigem Wasserstoff auf ± 0,2 Atom-% genau bestimmen.

Mit der spezifischen Wärme ($c_V$) multipliziert ist für Gase die Viskosität ($\eta$) proportional der Wärmeleitfähigkeit ($\lambda$): $\eta c_V \cdot f = \lambda$.

Der Wasserstoff-Isotopieeffekt in der spezifischen Wärme ist in der Abb. 6 wiedergegeben.

Tabelle 5: *Viskositätsunterschiede isotoper Substanzen [4]*

| Verbindung | Temperatur (°C) | Isotopieeffekt in der Viskosität $\frac{\eta_{D\text{-Verb.}}}{\eta_{H\text{-Verb.}}}$ |
|---|---|---|
| Wasser | 20 | 1,238 |
| Glycerin | 20 | 1,165 |
| Äthylenglykol | 20 | 1,09 |
| Benzol | 20 | 1,065 |
| Cyclohexan | 20 | 1,064 |
| Methan, fl. | – 183 | 1,113 |
| Lithium | 180 | 1,44 $\left(\frac{\eta_{Li-7}}{\eta_{Li-6}}\right)$ |

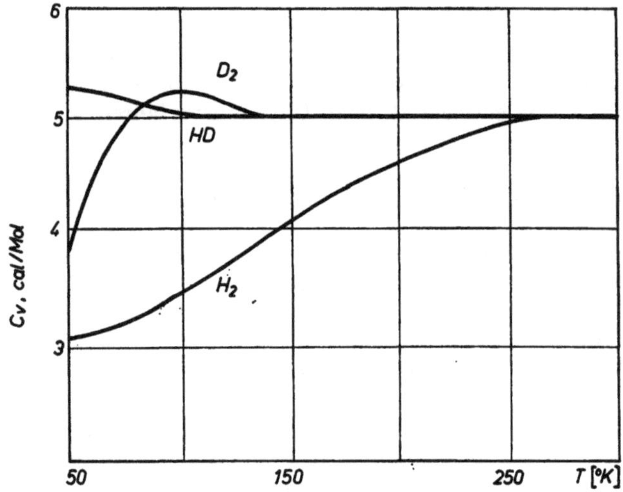


Abb. 6: Wasserstoff-Isotopieeffekt in der spezifischen Wärme $c_V$ [1].

Auf der Messung von Unterschieden in bestimmten Anteilen von $c_V$ und $\lambda$ beruhen einige Methoden zur Wasserstoffisotopenanalyse (Katharometrie).

### 4.2.6. *Phasenübergänge*

Für die irreversible *Verdampfung* eines flüssigen Gemisches isotoper Moleküle (Molekular-, Gleichstrom- oder RAYLEIGH-Destillation) gilt die RAYLEIGH-Formel

$$c = c_0 (m_0/m)^{\frac{\alpha-1}{\alpha}} \tag{57}$$

($m_0$ = Ausgangsmenge; $m$ = Restmenge; $c_0, c$ = relative Häufigkeit des Isotops in der Ausgangsmenge und in der Restmenge; $\alpha$ = Trennfaktor).

Die Isotopieeffekte bei der RAYLEIGH-Verdampfung sind bereits beim Sauerstoff so klein, daß man z. B. $10^{34}$ Tonnen Wasser auf einen Rest von 1 mg eindampfen müßte, um in diesem Rest das $^{18}O$ von 0,2 auf 0,4 Atom-% anzureichern [10].

Ähnliches gilt für die Isotopieeffekte in den *Kondensations-*, *Kristallisations-* und *Lösungsgeschwindigkeiten*. Besonders große Isotopieeffekte zeigen wieder die Wasserstoffisotope. Bekanntlich dauert die Auflösung anorganischer oder organischer Verbindungen in $D_2O$ wesentlich länger als in $H_2O$.

Die Löslichkeit im Gleichgewichtszustand wird ebenso wie die Gleichgewichtsverdampfung zusammen mit den übrigen thermodynamischen Erscheinungen im Kapitel 5. besprochen.

### 4.2.7. *Ionenwanderung und elektrische Leitfähigkeit*

Der Isotopieeffekt in der Ionenwanderung (Elektromigration) wird allgemein als Verhältnis der Beweglichkeiten $u$ [$cm^2\ v^{-1}\ sec^{-1}$] der isotopen Ionen $u_1/u_2$ oder als relativer Beweglichkeitsunterschied $\frac{\Delta u}{\bar{u}}$ angegeben. Die

Beziehung dieses Isotopieeffektes auf die relative Massendifferenz („Masseneffekt“ $\mu$ nach KLEMM)

$$\mu = \frac{\Delta u/\bar{u}}{\Delta m/\bar{m}} \tag{58}$$

sollte nach dem Verhältnis $u_1/u_2 = (m_2/m_1)^{1/2}$ den Zahlenwert $-0{,}5$ ergeben. Nur bei einigen Ionenwanderungen in Kristallen wird dieser Betrag erreicht, während er sonst erheblich kleiner sein kann. In der Tab. 6 wurden einige Werte zusammengestellt.

Tabelle 6: *Isotopieeffekte* $\frac{\Delta u}{\bar{u}}$ *und Masseneffekte* $\mu$ *bei der Ionenwanderung [20]*

| Isotopenpaar | Medium | $\frac{\Delta u}{\bar{u}}$ | $\mu$ |
|---|---|---|---|
| $^{22}Na/^{24}Na$ | NaCl-Einkristall | 0,040 | −0,46 |
| $^{22}Na/^{24}Na$ | $NaNO_3$-Schmelze (300 °C) | 0,00957 | −0,11 |
| $^{22}Na/^{24}Na$ | 10%ige wäßr. $NaNO_3$-Lösung | 0,00296 | −0,034 |
| $^{39}K/^{41}K$ | geschmolz. Kalium (100 °C) | 0,00000067 | +0,0000134 |

Isotopieeffekte bei Ionenwanderungen wurden in wäßriger Lösung, in Salzschmelzen, in Ionenkristallen, in flüssigen Metallen und in geschmolzenem Jod gemessen. Die beiden zuerst genannten Systeme eignen sich für eine technische Isotopenanreicherung, z. B. für die Gewinnung von $^7Li$ an der Grenze zwischen geschmolzenem LiCl und geschmolzenem $PbCl_2$ oder für die Trennung der Isotope verschiedener Alkali- und Erdalkalimetalle durch sog. selbststabilisierende Gegenstromelektrolyse in wäßriger Lösung.

Bei einigen weiteren elektrochemischen Verfahren zur Isotopenanreicherung sind Isotopieeffekte in der Ionenwanderungsgeschwindigkeit als eine Komponente des Gesamteffektes beteiligt (Elektrolysen, Ausnutzung von Dissoziations- und Komplexbildungs-Gleichgewichten in homogener Phase).

Das Studium der Isotopieeffekte in Elektrolytschmelzen hat im übrigen wesentlich zum besseren Verständnis der Transportphänomene in diesen Systemen beigetragen. Isotopieeffekte in Wanderungsgeschwindigkeiten sind auch von biologischem Interesse. So wurde beispielsweise das Verhalten isotoper Kalium-, Natrium- und Lithiumionen an biologischen Membranen im Zusammenhang mit dem Salzstoffwechsel untersucht.

Die Beweglichkeit von Ionen gelöster Salze ist in $D_2O$ um ca. 20% geringer als in Wasser natürlicher isotoper Zusammensetzung. Der durch die WALDENsche Regel gegebene Zusammenhang mit der Viskosität $\eta$ des Lösungsmittels wird damit bestätigt (vergl. Tab. 7).

Tabelle 7: *Ionenbeweglichkeiten u in $H_2O$ und $D_2O$ [1]*

| Ion | $t$°C | $u_H$ | $u_D$ | $u_H/u_D$ | $\eta_D/\eta_H$ |
|---|---|---|---|---|---|
| $H_3O^+$, $D_3O^+$ | 25 | 349,8 | 250,1 | 1,40 | 1,232 |
| $K^+$ | | 73,5 | 61,3 | 1,20 | |
| $Na^+$ | | 50,1 | 41,6 | 1,20 | |
| $OH^-$, $OD^-$ | | 197,6 | 119,0 | 1,66 | |
| $Cl^-$ | | 76,3 | 62,8 | 1,22 | |
| $ClO_3^-$ | | 68,0 | 55,5 | 1,22 | |
| $CH_3COO^-$ | | 40,9 | 35 | 1,17 | |
| $BrO_3^-$ | 18 | 49,0 | 40,0 | 1,23 | 1,256 |
| $JO_3^-$ | | 34,8 | 27,4 | 1,27 | |

Die Isotopieeffekte in der elektrischen Leitfähigkeit sind im allgemeinen proportional den Isotopieeffekten in den Ionenbeweglichkeiten bzw. in der Selbstdiffusion,

Kommt bei Lösungen schwacher Elektrolyte noch ein Isotopieeffekt im Dissoziationsgrad hinzu, so können erheblich größere Unterschiede auftreten. So ist z. B. die spezifische Leitfähigkeit von Essigsäure (bei 1000 Hz gemessen)

$$\text{in } H_2O \quad 1{,}822 \cdot 10^{-3}\, \Omega^{-1}\, \text{cm}^{-1}$$

$$\text{und in } D_2O \quad 0{,}683 \cdot 10^{-3}\, \Omega^{-1}\, \text{cm}^{-1},$$

so daß mit Hilfe dieses Systems eine Wasserstoffisotopenanalyse mit 1% Genauigkeit möglich ist [4].

Auch in den elektrischen Potentialen isotoper Systeme findet man Unterschiede (bis zu 30 mV für das System $H_2O/D_2O$).

Die meisten elektrochemischen Isotopieeffekte sind Bruttoisotopieeffekte (vergl. S. 89), an denen Isotopieeffekte in den Ionenbeweglichkeiten, Überführungszahlen, Dissoziationskonstanten, Löslichkeiten, Potentialen, Dielektrizitätskonstanten, Dipolmomenten u. a. zu nicht ohne weiteres isolierbaren Anteilen beteiligt sind.

### *4.2.7. Verhalten in magnetischen und in elektrischen Feldern*

Das Verhalten isotoper Ionen im magnetischen Feld wird durch die Gleichung (3) auf Seite 19 bestimmt: Der Grad ihrer Ablenkung ist vom Verhältnis Masse/Ladung ($m/e$) abhängig. Auf diesem Isotopieeffekt gründen sich je eine universelle Methode zur Isotopenanalyse (*Massenspektrometrie*) und zur Trennung stabiler Isotope (*Massentrenner*). Der Aufbau eines Massenspektrometers ist in der Abb. 7 schematisch und vereinfacht dargestellt. Dieses Schema gilt im Prinzip auch für den Massentrenner.

In einer Ionenquelle *I* erzeugte Ionen der Meßprobe bzw. der präparativ zu trennenden Probe werden in einem elektrischen Feld gebündelt und beschleunigt. Im Trennrohr *T* wird der Ionenstrahl im Bereich des Magnet-

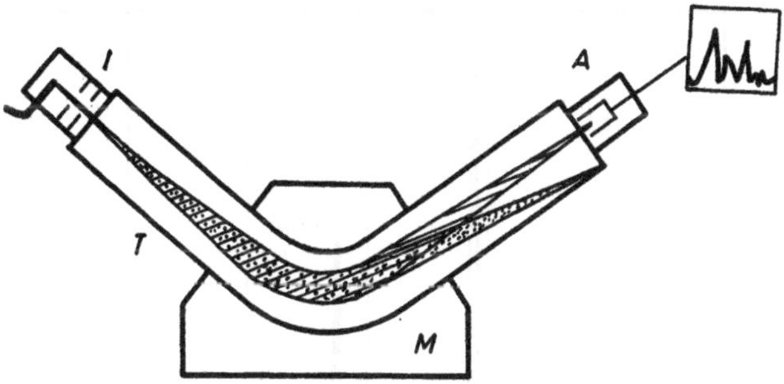


Abb. 7: Schematischer Aufbau eines Massenspektrometers.
$I$ = Ionenquelle; $T$ = Trennrohr; $M$ = Magnet; $A$ = Auffänger.

feldes zwischen den Polschuhen des Elektromagneten $M$ in Ionen gleicher $m/e$-Verhältnisse zerlegt und so auf den Auffänger $A$ gelenkt.

Im *Massenspektrometer* werden Ionen gleicher Masse durch kontinuierliche Veränderung des Magnetfeldes nacheinander auf den Auffänger gelenkt und in ihrer Intensität durch einen Schreiber registriert. Das entstandene Massenspektrogramm ist ein qualitatives und quantitatives Abbild der isotopen Zusammensetzung der Meßprobe (Massenspektrum; vgl. Abb. 8).

Im *Massentrenner*, der im Unterschied zum Massenspektrometer für einen großen Substanzdurchsatz ausgelegt ist, werden gleichzeitig die (stärker abgelenkten) leichteren und die schwereren Ionen in wägbaren Mengen in getrennten Auffängern gesammelt. Die Abb. 9 zeigt einen der elektromagnetischen Massentrenner im Institut für stabile Isotope in Leipzig. Der Ionenstrahl verläuft von der Bildmitte aus durch das gekrümmte Trennrohr bis zu den Auffängern rechts oben im Bild.

Die Bewegung isotoper Ionen in elektrischen Feldern wird durch den Massenanteil der kinetischen Energie bestimmt. Man nutzt dies in den sog. doppelt fokussierenden Massenspektrometern aus.

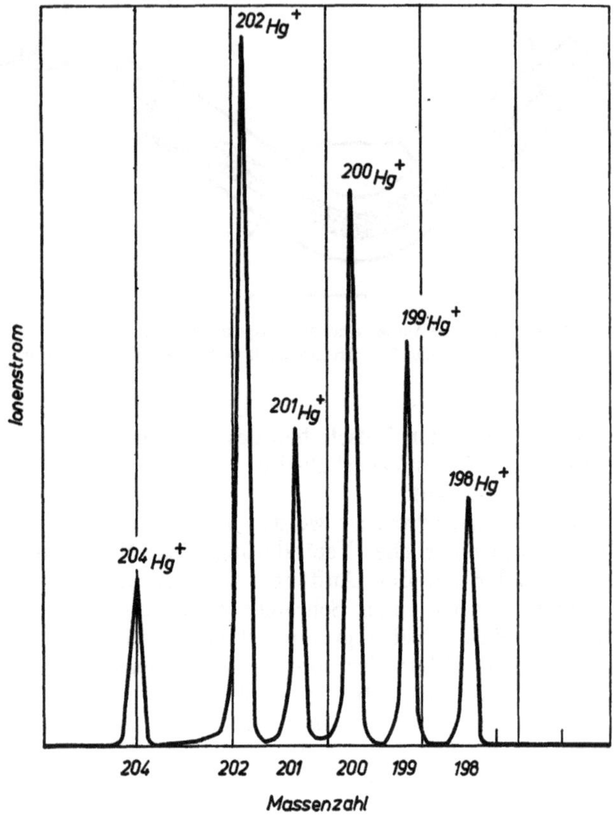


Abb. 8: Massenspektrum des Quecksilbers [10].

Daneben treten in der Ionenquelle Isotopieeffekte in den Dissoziationswahrscheinlichkeiten und Dissoziationsgeschwindigkeiten der angeregten Moleküle und damit in den Fragmentierungsgeschwindigkeiten auf (vgl. S. 113).

Isotopieeffekte in der Ausrichtung und Bewegungs- bzw. Reaktionsvorbereitung von neutralen Molekülen werden durch die Isotopieeffekte in der *Polarisierbarkeit* und im *Dipolmoment* ausgedrückt. Nach dem Modell des anharmonischen Oszillators für die Streck- und Deformationsschwingungen der Moleküle ergeben sich für die Isotope unterschiedliche Bindungslängen (Abb. 2, S. 22). Aus den kleineren mittleren Schwingungsamplituden des schwereren Isotops folgt dessen größere Polarität, d. h.,

Abb. 9: Massentrenner im Institut für stabile Isotope, Leipzig, der Deutschen Akademie der Wissenschaften zu Berlin.

größeres Dipolmoment, z. B. (in DEBYE-Einheiten $D$) [2]:

| | |
|---|---|
| $ND_3/NH_3$ | $\Delta\mu = +\,0{,}013\,D$ |
| $CD_3ND_2/CH_3NH_2$ | $\Delta\mu = +\,0{,}043\,D$ |
| $(CH_3)_3CD/(CH_3)_3CH$ | $\Delta\mu = +\,0{,}009\,D$. |

## 4.3. *Isotopieeffekte im optischen Verhalten*

### 4.3.1. *Atomspektren*

Die Ursachen und die Erscheinungsformen von Isotopieeffekten in optischen Spektren sind vielfältig. Auf Grund verschiedenartiger Wechselwirkungen zwischen dem Atomkern und der Elektronenhülle treten in den Emissions- und in den Absorptionsspektren der Atome sowohl *Isotopieverschiebungen* als auch durch die Isotopie bedingte *Unterschiede im Aufspaltungsverhältnis der Feinstrukturlinien* auf.

Die *Isotopieverschiebungen* werden durch Unterschiede in der Kernmasse („*Mitbewegungseffekt*") oder im Kernvolumen („*Volumeneffekt*") hervorgerufen.

Der Mitbewegungseffekt beträgt für die $H_\alpha$-Linie der Wasserstoffisotope $^1H$ und $^2H$ $\Delta\lambda = 1{,}79$ Å. Dieser Unterschied führte im Jahre 1932 UREY zum Nachweis der Existenz des Wasserstoffisotops Deuterium. Erklärlich ist dieser Unterschied durch die Abhängigkeit der RYDBERG-Konstante $R$ von der Kernmasse:

$$R_H = 109677{,}58\ \mathrm{cm}^{-1}$$

$$R_D = 109707{,}42\ \mathrm{cm}^{-1}$$

$$R_\infty = 109737{,}31\ \mathrm{cm}^{-1}.$$

Bei schwereren Elementen wird dieser Mitbewegungseffekt schnell kleiner und vom Volumeneffekt übertroffen, d. h., vom Einfluß der unterschiedlichen räumlichen Anordnung der Neutronen und Protonen in den isotopen

Kernen. Dadurch wird das die Energie der Atomzustände bestimmende elektrostatische Feld zwischen Kern und Hülle verändert.

Die *Aufspaltung der Feinstrukturlinien in Hyperfeinstrukturlinien* ist eine andere Äußerung der Isotopieeffekte in den optischen Spektren. Sie resultiert — neben dem Masseneinfluß — aus der Wechselwirkung des Kernspinmoments mit dem magnetischen Moment der Elektronenhülle. Die durch Änderung der Neutronenzahl verursachte Änderung des Kernspins führt zu einer *Änderung im Aufspaltungsverhältnis* der Feinstrukturlinien. An diesen Hyperfeinstrukturen treten zusätzlich die oben erwähnten Isotopieverschiebungen auf.

Die Isotopieeffekte in den Emissions- und Absorptions-Atomspektren stellen die Grundlage für einige Methoden der Isotopenanalyse dar (z. B. für Wasserstoff, Lithium, Uran und Blei).

Ein weitaus wichtigerer praktischer Aspekt des Isotopieeffektes in Atomspektren ist die künstliche *Aufhebung der Hyperfeinstruktur*, um die für die optische Feinmeßtechnik notwendigen Lichtquellen mit Spektrallinien äußerst geringer Halbwertsbreite zur Verfügung zu stellen. Man erreicht dies durch die Verwendung eines hochangereicherten Isotops ohne Kernspin, wie z. B. des praktisch reinen $^{86}$Kr anstelle des natürlichen Kryptonisotopengemisches. Seit 1960 ist eine auf dieser Meßtechnik begründete neue *Definition der Längeneinheit* verbindlich:

„Das Meter ist das 1650763,73fache der Wellenlänge der von Atomen des Isotops $^{86}$Kr beim Übergang vom Zustande $5d_5$ zum Zustande $2p_{10}$ emittierten und sich im Vakuum ausbreitenden Strahlung.“

Als sog. sekundäre Normale werden $^{114}$Cd- und $^{198}$Hg-Lampen verwendet. In der Abb. 10 sind Interferogramme der Hg-Linie 546,2 nm des natürlichen Quecksilbers (untere Bildhälfte) und des praktisch reinen Iostops $^{198}$Hg (obere Bildhälfte) gegenübergestellt.

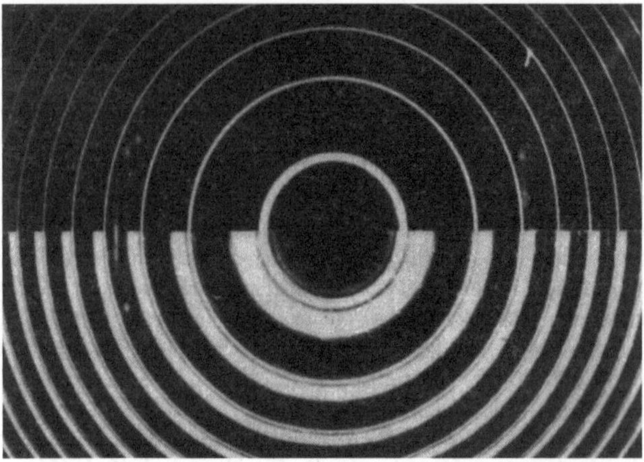

**Abb. 10: Interferogramme der Hg-Linie 546,2 nm des natürlichen Quecksilbers (untere Bildhälfte) und des reinen Isotops $^{198}Hg$ (obere Bildhälfte).**

### *4.3.2. Molekülspektren*

Wie im Kapitel 3. auf Seite 20 u. 26 gezeigt wurde, beruhen die Isotopieeffekte in den Molekülspektren auf der Massenabhängigkeit der Rotation der Moleküle — *Rotations-Isotopieeffekte* — und der Schwingungen der Atome dieser Moleküle — *(Rotations-)Schwingungs-Isotopieeffekte* —. Beide sind *bandenspektroskopische Isotopieeffekte*. Diese Isotopieeffekte sind um 1···3 Größenordnungen größer als die der Atomspektren und werden in stärkerem Maße für Isotopenanalysen genutzt. Durch eine Analyse dieser Spektren wurden unter anderem Isotope des Kohlenstoffs, des Stickstoffs und des Sauerstoffs entdeckt.

Da für die Stickstoffisotope $^{14}N$ und $^{15}N$ in einem bestimmten *Emissions*-Bandensystem mit gut definierten Bandenköpfen Isotopieverschiebungen von 3 ··· 8 Å auftreten, wurde auf dieser Grundlage eine $^{15}N$-Analysenmethode entwickelt. Bei vergleichbarer Genauigkeit und vergleichbarem Zeitaufwand können $^{15}$N-Analysen unabhängig von einem Massenspektrometer mit einem modifizierten UV-Spektrographen erfolgen*).

Auch am Wasserstoff, Lithium, Bor, Kohlenstoff und Sauerstoff wurden Isotopenanalysen durch Emissions-Molekülspektroskopie durchgeführt.

Die *Absorptions*-Molekülspektroskopie erlaubt wegen der unterschiedlichen IR-Absorptionsbanden von $H_2O$, HDO und $D_2O$ sehr genaue Wasserstoffisotopenanalysen an Wasserproben.

### 4.3.3. *Isotopieeffekte in der Intensität von Spektrallinien*

Durch eine Deuteriumsubstitution wird nicht nur die Frequenz sondern auch die Intensität von IR-Schwingungen verringert. Zur Erklärung kann eine Regel von Crawford dienen, nach der die Summe $\frac{A}{\nu^2}$ ($A$ = integrale Bandenintensität; $\nu$ = Schwingungsfrequenz) über alle Normalschwingungen des Moleküls oder über alle Normalschwingungen gleicher Symmetrie im Falle einer Isotopensubstitution unverändert bleibt.

Bei der sog. nichtdispersiven IR-Absorptionsspektroskopie wird das Licht nicht spektral zerlegt, sondern nach dem Durchtritt durch das angeregte System wird mit einem Detektor hoher spektraler Selektivität die Intensität dieses Lichtes gemessen. Mit entsprechend empfindlichen Nachweisgeräten sind z. B. Isotopenanalysen am Kohlenstoff auf 0,005 Atom-% $^{13}$C genau im natürlichen Bereich dieses Isotops möglich.

Eine andere Anwendung des Isotopieeffektes in der Lichtintensität hat seit einiger Zeit praktische Bedeutung in den sog. *Deuteriumlampen*. Wie die älteren Wasserstofflampen dienen auch die Deuteriumlampen der Er-

---

*) $^{15}$N-Analysator NOI-4 von Statron, Fürstenwalde/Spree (DDR)

zeugung eines UV-Kontinuums. Wie aus der Abb. 11 zu sehen ist, liegt jedoch die Intensität der Deuteriumlampe wesentlich (um 30 ··· 60%) höher.

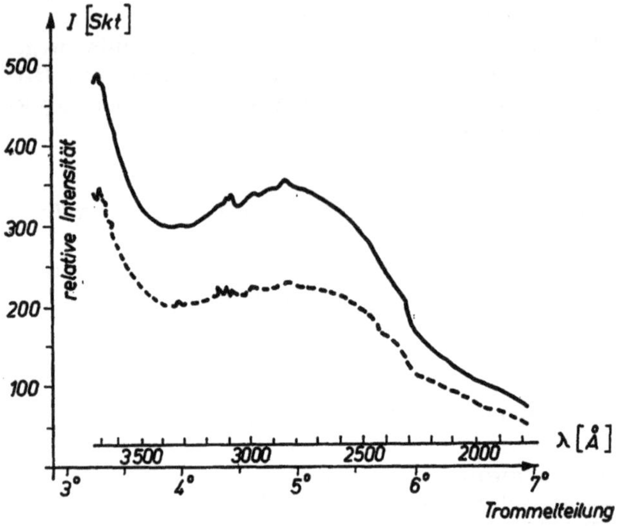


Abb. 11: **Relative Intensitätsverteilung im UV-Spektrum einer Wasserstofflampe (untere Kurve) und einer Deuteriumlampe (obere Kurve) mit Quarzgehäuse. (Das Streulicht ist nicht eliminiert.) [25]**

## 4.3.4. *Isotopieeffekte im Brechungsindex*

Die Ursachen für den Isotopieeffekt im Brechungsindex sind nicht wie bei den optischen Spektren Unterschiede in der Kernmasse, im Kernvolumen oder im Kernspin, sondern unterschiedliche Fortpflanzungsgeschwindigkeiten eines Lichtstrahls in isotopen Medien.

Bei Gasen sind diese Isotopieeffekte sehr klein. So beträgt die Differenz der Brechungsindices von $H_2$ und $D_2$ nur ca. $2 \cdot 10^{-6}$. Bei Flüssigkeiten sind die Unterschiede für die Isotope der Elemente mit $Z > 1$ ebenfalls sehr klein. Die Differenz der Brechungsindices von $H_2{}^{16}O$ und $H_2{}^{18}O$ liegt bei $3{,}4 \cdot 10^{-4}$.

Im Gegensatz dazu unterscheiden sich die Brechungsindices von $H_2O$ und $D_2O$ beträchtlich (25 °C, D-Linie des Natriums):

$H_2O$ 1,33250

$D_2O$ 1,32796.

Bereits mit einem einfachen Eintauchrefraktometer, das auf $\pm$ 0,00002 Brechungszahl-Einheiten genaue Messungen gestattet, lassen sich auf diese Weise Deuterium-Bestimmungen auf 0,4 Atom-% D genau durchführen (Substanzmenge: 1 Tropfen sauberes Wasser). Mit Hilfe eines Rayleigh-Interferometers kann die Genauigkeit bis auf $\pm$ 0,002 Atom-% D gesteigert werden.

### 4.3.5. *Isotopieeffekte auf die Fluoreszenzausbeute*

Noch verhältnismäßig jung sind Beobachtungen über den Einfluß isotoper Medien auf den Anteil der strahlungslosen Übergänge in optisch angeregten Systemen. Der die Fluoreszenzintensität schwächende direkte Energieübergang auf Schwingungen eines Lösungsmittelmoleküls ist in protiumhaltigen Lösungsmitteln (z. B. $H_2O$) größer als in deuteriumhaltigen (z. B. $D_2O$). Diese Isotopieeffekte auf die Fluoreszenzausbeute können beträchtliche Größen erreichen. So fand Heller für $DyCl_3$ in $D_2O$ mit 99,7 Atom-% D einen Isotopieeffekt = 100, obwohl dabei die HDO-Konzentration noch immer die 3-fache der $DyCl_3$-Konzentration und die 30-fache der Sensibilisatorkonzentration war [23].

### *4.3.6. Isotop-optische Aktivität*

Die optische Aktivität organischer Verbindungen mit einem asymmetrischen Kohlenstoffatom ändert sich um einige Prozent, wenn in einem der Substituenten dieses Kohlenstoffatoms der Wasserstoff natürlicher isotoper Zusammensetzung durch Deuterium ersetzt wird. Ähnliche Verschiebungen treten auch beim Übergang zu einem isotopen Lösungsmittel auf.

Substituiert man in Verbindungen des Typs

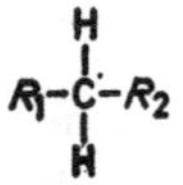


eines der beiden Wasserstoffatome durch Deuterium, so wird diese Verbindung optisch aktiv. So beträgt beispielsweise die spezifische Drehung für die Verbindung

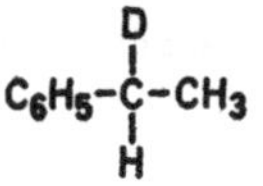


$[\alpha]_D^{25} = -0{,}30°$.

### *4.4. Unterschiede im kernmagnetischen Verhalten der Isotope*

Die Größe der Kernspinquantenzahl folgt aus dem Verhältnis der Protonenzahl und der Neutronenzahl, wie in der Tab. 8 gezeigt wird. Demzufolge unterscheiden sich benachbarte Isotope eines Elements im Kernspin. Alle Nuklide bzw. Isotope mit einem von Null verschiedenen Kernspin lassen sich mit Hilfe der *Kernresonanz-* (NMR-) *Spektrometrie* als Spannungsspitze bei einer bestimmten Resonanzfrequenz nachweisen. Häufig ist zusätzlich eine Lokalisierung des analysierten Isotops im Molekülverband möglich (*positionelle Isotopenanalyse*). Die meisten Untersuchungen betreffen die *Protonenresonanz*, da $^1H$ besonders gut nachweisbar ist. Zur Messung an Feststoffen arbeitet man dann in protiumfreien Lösungsmitteln ($CCl_4$, $CDCl_3$, perdeuterierte Kohlenwasserstoffe u. a.).

Tabelle 8: *Größe der Kernspinquantenzahl*

| | | | | |
|---|---|---|---|---|
| Protonenzahl | gerade | ungerade | gerade | ungerade |
| Neutronenzahl | gerade | gerade | ungerade | ungerade |
| Kernspin | 0 | halbzahlig | halbzahlig | ganzzahlig |

Bei der Protonen- und $^{19}F$-Resonanz werden *sekundäre Isotopieeffekte* beobachtet, die zusätzliche Informationen über die Verteilung der Isotope ermöglichen. Diese sekundären Isotopieeffekte äußern sich als Isotopieverschiebungen der Signale eines resonierenden Kernes, der sich in Nachbarschaft zu einem isotop substituierten Molekülbaustein befindet (Beeinflussung der Abschirmkonstante).

In den *Elektronenspinresonanz-* (ESR-) Spektren von isotopen Radikalen treten Unterschiede auf, die um einige Größenordnungen empfindlicher als diejenigen im Kernresonanzspektrum nachgewiesen werden können. Voraussetzung ist die Möglichkeit einer Hyperfeinstruktur-Wechselwirkung zwischen den resonierenden Elektronen und einem der isotopen Kerne.

Eine Deuteriumsubstitution am Benzol-Radikal z. B. äußert sich in einer unterschiedlichen Verteilung der Spindichten *a* in meta- und para-Stellung: $a_{meta}/a_{para} \approx 0{,}9$.

Die *Kernquadrupol-Kopplungskonstante* (*QK*) interessiert den Chemiker als Maß für die Abweichung der Elektronenverteilung um den Kern von der sphärischen Symmetrie und damit als qualitatives Maß für den Ionencharakter einer Bindung [2]. Eine kleinere *QK* weist auf eine stärker ionische Bindung hin. Eine Deuteriumsubstitution kann die $QK$ erniedrigen (z. B. ist $\frac{\Delta QK}{QK} \cdot 100$ für $CD_3J/CH_3J$ am $^{127}J$ gemessen $= -0{,}26$) oder erhöhen $\left(\frac{\Delta QK}{QK} \cdot 100 = +3{,}62\right.$ für $AsD_3/AsH_3$ am $^{75}As$ gemessen$\left.\right)$.

Bei den meisten Verbindungen führt eine Deuteriumsubstitution zu einer stärker ionischen Bindung (negativer $\frac{\Delta QK}{QK}$-Wert), d. h., Deuterium verhält sich als elektropositiver „Substituent".

Die *Superfluidität* von $^4He$ II ist ein Quanteneffekt, der nach der FERMI'schen Theorie der Quantenflüssigkeiten bei sehr tiefen Temperaturen durch eine paarweise Orientierung der Kernspins bedingt ist. Ähnliches gilt auch für die *Supraleitfähigkeit* verschiedenen Substanzen und für die *Curie-Temperatur* der Seignette-Elektrika. Für das schwerere Isotop liegt die Sprungtemperatur $T_S$ des Übergangs zur Supraleitfähigkeit nach Gleichung (5) (S. 20) bei tieferen Temperaturen.

## 4.5. *Unterschiede in den Kernreaktionen von Isotopen*

Während sich die physikalischen und chemischen Eigenschaften der Isotope eines Elements nur graduell (quantitativ) unterscheiden, treten in den Kernreaktionen — wie auch bei den meisten kernmagnetischen Eigenschaften (Abschnitt 4.4) — ausgeprägte qualitative Unterschiede auf und sind nicht mehr typisch für das betreffende Element. So unterscheiden sich z. B. die beiden Reaktionen

$$^{24}_{12}Mg + ^{2}_{1}H \rightarrow ^{22}_{11}Na + ^{4}_{2}He$$

$$^{25}_{12}Mg + ^{2}_{1}H \rightarrow ^{26}_{13}Al + ^{1}_{0}n$$

grundsätzlich, und es entstehen chemisch völlig verschiedene Produkte. Die identische Ordnungszahl der Ausgangsstoffe und damit der Vergleich zweier Isotope sind dabei von untergeordnetem Range. Man hat es vielmehr allgemeiner mit *Nukliden* zu tun. Das Nuklid $^{26}_{13}Al$ läßt sich z. B. auch aus dem Nuklid $^{28}_{14}Si$ durch die Reaktion

$$^{28}_{14}Si + ^{2}_{1}H \rightarrow ^{26}_{13}Al + ^{4}_{2}He$$

gewinnen.

Das Kriterium „quantitative oder qualitative Eigenschaftsänderung" kann zur Abgrenzung von Isotopieeffekten gegen „Nuklid-Effekte" dienen. Demzufolge gehören die Unterschiede in den meisten kernmagnetischen Eigenschaften und in den Kernreaktionen nicht zu den Isotopieeffekten.

In gewissen Fällen interessiert jedoch auch bei Kernreaktionen das Verhalten der Isotope eines Elements. So sind die *Wirkungsquerschnitte* der schweren Isotope für den *Einfang thermischer Neutronen* viel kleiner als diejenigen der leichten, z. B.:

$$^{10}B: \quad 3830 \text{ barn} \quad - \quad ^{11}B: \quad < 50 \text{ mbarn}$$

$$^{14}N: \quad 1{,}7 \text{ barn} \quad - \quad ^{15}N: \quad 20\ \mu\text{barn}$$

(1 barn = $10^{-24}$ $cm^2$).

Beim $D_2O$ als Moderator in Kernreaktoren, beim $^{11}B$-Stahl als Reaktorwerkstoff und bei den Uran- und Thorium-$^{15}N$-nitraten der Homogenreaktoren werden die sehr kleinen Neutronen-Einfangquerschnitte der schweren Isotope in Verbindung mit den typischen Eigenschaften eines bestimmten Elements technisch ausgenutzt. Umgekehrt erhöht sich z. B. durch den Einsatz des leichteren Isotops $^{3}He$ als Füllgas in Zählrohren und von $^{10}B$ in Kernspurplatten die Nachweisempfindlichkeit thermischer Neutronen. Mit $^{10}B$ als Komponente von Strahlenschirmen oder von Regel- und Sicherheitsstäben in Atomkraftwerken wird die Effektivität dieser Materialien im Vergleich zur Anwendung der Elemente in ihrer natürlichen isotopen Zusammensetzung wesentlich erhöht.

Isotopieeffekte bei SZILARD-CHALMERS-Reaktionen charakterisieren die unterschiedliche Verteilung der entstandenen Isotope eines Elements auf verschiedene chemische Verbindungen.

Auch gewisse Isotopenanalysen an stabilen Isotopen erfolgen unter der Einbeziehung einer Kernreaktion. Bei der sog. *Aktivierungsanalyse* wird das zu bestimmende stabile Isotop durch Neutronen oder andere energiereiche Teilchen in ein radioaktives Nuklid umgewandelt und die dabei oder anschließend auftretende Strahlung gemessen.

## 5. Thermodynamische Isotopieeffekte

Alle Unterschiede im thermodynamischen Verhalten isotoper Moleküle bzw. Systeme werden als thermodynamische Isotopieeffekte bezeichnet. Der Zahlenwert dieser Isotopieeffekte wird in den meisten Fällen als Quotient aus beiden thermodynamischen Größen angegeben (mit dem leichten Isotop im Zähler), in anderen Fällen als Differenz oder auch in einer funktionalen Darstellung.

Es gibt zahlreiche Einzeldaten von Isotopieeffekten für spezifische Wärmen, ausgezeichnete Punkte der Phasendiagramme, Molvolumina, Oberflächenspannungen und ähnliche Daten, auf die hier nicht eingegangen werden kann. Schwerpunkte der Beschäftigung mit thermodynamischen Isotopieeffekten sind die Konstanten von *Phasengleichgewichten*, *Phasengrenzflächen-Gleichgewichten* und *chemischen Gleichgewichten*. In den für die Isotopenchemie besonders wichtigen *chemischen Isotopenaustausch-Gleichgewichten* wird der Isotopieeffekt als Abweichung der Gleichgewichtskonstante $K$ vom klassisch geforderten

Zahlenwert 1 definiert. Die unterschiedlichen Gleichgewichtskonstanten isotoper Systeme sind nach der klassischen Thermodynamik nicht erklärbar. Sie beruhen auf der Quantenstruktur der Freiheitsgrade, genauer gesagt, auf den Isotopieeffekten der Nullpunktsenergie und — gegebenenfalls — der freien Energie der kondensierten Phase (auf Grund von Frequenzänderungen der Gitterschwingungen); vergl. Kap. 3.

## *5.1. Phasengleichgewichte*

### *5.1.1. Reine Stoffe*

Am Beispiel der isotopen Wassermoleküle $H_2O$ und $D_2O$ wurden in der Tab. 2 u. a. einige thermodynamische Größen eines reinen Stoffes, der sich im Gleichgewicht mit seiner Umgebung befindet, angegeben. Unter der Einbeziehung von $T_2O$ sind in der Tab. 9 einige charakteristische Umwandlungspunkte des Wassers angeführt.

Tabelle 9: *Charakteristische Umwandlungspunkte von $H_2O$, $D_2O$, $T_2O$ [28]*

| | $H_2O$ | $D_2O$ | $T_2O$ |
|---|---|---|---|
| Siedepunkt (°C) | 100,00 | 101,42 | 101,51 |
| Tripelpunkt-Temp. (°C) | 0,010 | 3,82 | 4,49 |
| Tripelpunkt-Druck (mm Hg) | 4,58 | 5,02 | 4,92 |
| Dampfdruckübergangstemperaturen (°C) | 220,7 ± 0,1 ($H_2O - D_2O$) | | |
| | 190 ± 10 ($H_2O - T_2O$) | | |
| | 116,2 ± 0,5 ($D_2O - T_2O$) | | |

Der bereits im Jahre 1919 und seitdem sehr intensiv untersuchte Isotopieeffekt im *Dampfdruck* einer Flüssigkeit wird definiert als Verhältnis der Sättigungsdampfdrücke der leichteren und der schwereren isotopen Flüssigkeit bei derselben Temperatur:

$$\frac{p_l}{p_s}, \text{ z. B. } \frac{p_{H_2O}}{p_{T_2O}} = 1{,}197\,(25\,°C); \frac{p_{H_2O}}{p_{D_2O}} = 1{,}152\,(25\,°C).$$

Der Dampfdruck-Isotopieeffekt setzt sich aus verschiedenen Anteilen zusammen und ändert sich nicht nur mit der Temperatur, sondern auch mit der Molekülstruktur, den zwischenmolekularen Kraftfeldern, dem Assoziationsgrad und anderen Eigenschaften der flüssigen Phase. Für Wasserstoff- und Deuteriumverbindungen schwankt die Größe dieses Isotopieeffektes von $p_l/p_s = 1{,}2$ pro Deuteriumatom bei stark assoziierten Flüssigkeiten bis zu 0,98 pro Deuteriumatom bei unpolaren Kohlenwasserstoffen. Zur Illustration dient die Gegenüberstellung der Dampfdruck-Isotopieeffekte für einige monodeuterierte Kohlenwasserstoffe, für $CH_3ND_2$ und für HDO in der Abb. 12.

Bei den Isotopen der schwereren Elemente liegen ähnlich komplexe Zusammenhänge vor, so daß z. B. das Kohlenstoffisotop $^{13}C$ im System $CO_{fl}/CO_{gasf}$ bei 68,2 °K einen geringeren Dampfdruck als $^{12}C$, im System $(CCl_4)_{fl}/(CCl_4)_{gasf}$ bei 77°C hingegen einen höheren Dampfdruck als $^{12}C$ besitzt.

In der Tab. 10 wurden die Dampfdruckverhältnisse einiger Isotopenpaare in verschiedenen Verbindungen zusammengestellt.

Bei den meisten Systemen reichert sich das schwerere Isotop in der flüssigen Phase an, und der Dampfdruck-Isotopieeffekt steigt mit sinkender Temperatur an. Er

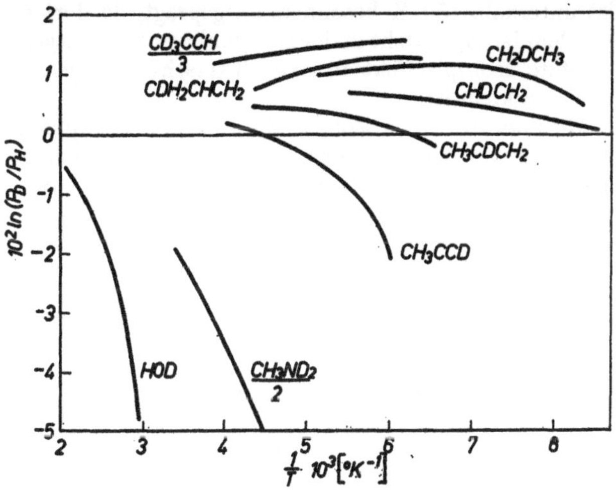


Abb. 12: Abhängigkeit des Dampfdruck-Isotopieeffektes vom chemischen Verbindungstyp und von der Temperatur [26].

Tabelle 10: *Dampfdruck-Isotopieeffekte an einigen isotopen Flüssigkeiten [10]*

| Isotope | Flüssigkeit | in der flüss. Phase angereichertes Isotop | Dampfdruck-Isotopieeffekt | |
|---|---|---|---|---|
| H/D | $H_2O$ | D | 1,027 | (100 °C) |
| | $H_2$ | D | 1,9 | 18,6 °K) |
| | $NH_3$ | D | 1,02 | (14 °C) |
| $^{10}B/^{11}B$ | $BF_3$ | $^{10}B$ | 0,991 | (−103 °C) |
| | $BCl_3$ | $^{10}B$ | 0,997 | (12,7 °C) |
| $^{12}C/^{13}C$ | CO | $^{13}C$ | 1,01 | (68,2 °K) |
| | $CCl_4$ | $^{12}C$ | 0,998 | (77 °C) |
| $^{14}N/^{15}N$ | NO | $^{15}N$ | 1,07 | (−150 °C) |
| $^{16}O/^{18}O$ | $H_2O$ | $^{18}O$ | 1,005 | (70 °C) |
| | CO | $^{18}O$ | 1,007 | (68,2 °C) |

ist unterhalb 150 °K besonders ausgeprägt, da dort u. a. der dem Isotopieeffekt in der Nullpunktsenergie entgegengesetzte Isotopieeffekt in den Gitterschwingungen hinreichend klein ist.

Mitunter wird für isotope Systeme die Dampfdruckerniedrigung beim Übergang zum schwereren Isotop auch in mm Hg-Säule angegeben (z. B. $p_{H_2O} - p_{T_2O} =$ $= 3{,}91$ mm Hg (25 °C) u. $= 40{,}88$ mm Hg (100 °C).

Die Isotopieeffekte in den *Molvolumina* und in den *Oberflächenspannungen* sind im allgemeinen um eine Größenordnung kleiner als die Dampfdruck-Isotopieeffekte, z. B. beim Benzol (pro Deuteriumatom):

| | | |
|---|---|---|
| Isotopieeffekt | im Dampfdruck | 0,4% |
| | im Molvolumen | 0,05% |
| | in der Oberflächenspannung | 0,03%. |

## 5.1.2. *Lösungen, Mischungen*

In Löslichkeitsgleichgewichten *Gas/Flüssigkeit* ist das schwerere Isotop im allgemeinen das leichter lösliche. Bei 0 °C wurden in destilliertem Wasser folgende Isotopieeffekte gemessen: $^{15}N_2/^{14}N_2 = 1{,}00085$; $^{18}O_2/^{16}O_2 =$ $= 1{,}00080$.

Auch an *Feststoffen* werden Isotopieeffekte der *Gas*löslichkeit beobachtet. So betragen die Löslichkeiten für $H_2$ und $D_2$ im Gleichgewicht mit der Umgebung (1 atm.)

in Palladium bei 300 °C 0,0146% ($H_2$) und 0,0197% ($D_2$),

in Nickel bei 1000 °C 0,00091% ($H_2$) und 0,00175% ($D_2$) und

in $\gamma$-Eisen bei 1000 °C 0,00050% ($H_2$) und 0,00105% ($D_2$).

Die Löslichkeit eines Gases *in isotopen Lösungsmitteln* ist im allgemeinen mit einem Isotopieeffekt in entgegengesetzter Richtung behaftet. Der Löslichkeitskoeffizient $\lambda \left[\frac{cm^3}{g \cdot atm}\right]$ beträgt z. B. bei 25 °C für $CO_2$ in $H_2O$ 0,731 und in $D_2O$ 0,656.

Für die Löslichkeit von *Feststoffen in Flüssigkeiten* sowie in der *Mischbarkeit* von Flüssigkeiten oder im Verteilungskoeffizient eines Stoffes zwischen zwei flüssigen Phasen werden ebenfalls Isotopieeffekte beobachtet.

Organische und anorganische Verbindungen sind im Gleichgewicht in $D_2O$ bis zu etwa 40% schwerer löslich als in $H_2O$. Diese Differenz ist bei tiefen Temperaturen am größten. In der Tab. 11 sind einige Beispiele für die prozentuale Löslichkeitsverringerung in $D_2O$ aufgeführt.

Tabelle 11: *Isotopieeffekt der Löslichkeit in $H_2O/D_2O$ [1]*

| Verbindung | $t$ °C | Löslichkeitsverringerung in $D_2O$ gegenüber $H_2O$ (%) |
|---|---|---|
| KCl | 0 | 16,4 |
| | 180 | 1,7 |
| $CdJ_2$ | 25 | 26 |
| NaBr | 5 | 11,9 |
| $PbCl_2$ | 25 | 36 |
| Phenol | 25 | 36 |
| Nitrobenzol | 25 | 21 |

Die *Mischungstemperatur-Kurven* zweier ineinander löslicher Flüssigkeiten mit Mischungslücke liegen für das schwerere Isotop bei einer höheren Temperatur. Die kritische Mischungstemperatur (Maximum dieser Kurven) kann für ein $D_2O$-System um mehr als 20% höher liegen als für das entsprechende $H_2O$-System (Tab. 12).

Tabelle 12: *Kritische Mischungstemperaturen bei 1 atm* ($t_M$) *[1]*

| System | $t_M$ $H_2O$ (°C) | $t_M$-Erhöhung in $D_2O$ (°C) |
|---|---|---|
| Anilin + Wasser | 166,6 | 4,8 |
| n-Butylalkohol + Wasser | 125,1 | 6,0 |
| Furfurol + Wasser | 123,0 | 1,9 |
| Äthylacetat + Wasser | 113,1 | 6,2 |
| Nitromethan + Wasser | 103,2 | 2,3 |
| Phenol + Wasser | 66,1 | 12,9 |
| iso-Buttersäure + Wasser | 25,4 | 19,8 |
| n-Buttersäure + Wasser | 3,0 | 22,4 |

## 5.2. *Gleichgewichte an Phasengrenzflächen*

In Chromatographiesäulen stellen sich Adsorptionsgleichgewichte ein, deren Lage für isotope Systeme auf Grund unterschiedlicher Adsorptionswärmen verschieden ist. So beträgt das Verhältnis der Adsorptionskoeffizienten für $^{22}Ne/^{20}Ne$ an Aktivkohle bei —194 °C 1,021 und für $^{6}Li/^{7}Li$ an Zeolith-Austauschern 1,022:

$$^{22}Ne + {}^{20}Ne_{ads} \rightleftharpoons {}^{20}Ne + {}^{22}Ne_{ads}$$

$$^{6}Li^{+} + {}^{7}Li^{+}_{ads} \rightleftharpoons {}^{7}Li^{+} + {}^{6}Li^{+}_{ads}.$$

Im ersten Beispiel wird das schwerere Isotop am Feststoff angereichert, im zweiten Beispiel das leichtere.

Sehr große Isotopieeffekte im Sinne des ersten Beispiels treten bei der Adsorption *gasförmigen* Wasserstoffs auf, z. B. an Silikagel bei sehr kleinen Beladungen [5]:

| *T* °K | Isotopieeffekt (Deuterium am Silikagel) |
|---|---|
| 20 | 40 ± 10 |
| 78 | 4,5 ± 0,1 |
| 90 | 3,0 ± 0,2 |

Die Differenz der Nullpunktsenergien ($\Delta E_0 = 480$ cal/Mol) ist angenähert gleich der Differenz der kalorimetrisch gemessenen Adsorptionswärmen $D_2/H_2$ bei diesen Temperaturen. Abweichungen werden durch zusätzliche kinetische Faktoren gedeutet.

Auf diesem Effekt beruht eine Methode zur Wasserstoff-Isotopenanalyse in gepackten oder Gaschromatographiesäulen [4].

Bei *Ionenaustausch*-Adsorptionen liegen kompliziertere Verhältnisse vor: Es ändern sich die Nullpunktsenergien und die Schwingungsfrequenzen der adsorbierten und der solvatisierten Ionen. Beide Effekte wirken in entgegengesetzter Richtung. Dadurch kann auch das leichtere Isotop am Adsorbens angereichert werden.

## 5.3. *Chemische Gleichgewichte*

Im Gegensatz zu den in den Abschnitten 5.1. und 5.2. besprochenen „physikalischen" Gleichgewichten werden in chemischen Gleichgewichten der allgemeinen Art

$$AB_l + C \overset{K_l}{\rightleftharpoons} AC + B_l$$

$$AB_s + C \overset{K_s}{\rightleftharpoons} AC + B_s$$

chemische Bindungen gebildet und gespalten. Chemische Gleichgewichte, in denen Isotopieeffekte beobachtet werden, sind vor allem *Dissoziationsgleichgewichte*, z. B.

$$CH_3COOH \overset{K_H}{\rightleftharpoons} CH_3COO^- + H^+$$

$$CH_3COOD \overset{K_D}{\rightleftharpoons} CH_3COO^- + D^+,$$

und chemische *Isotopenaustausch-Gleichgewichte*, z. B.

$$HCl + DJ \overset{K_I}{\rightleftharpoons} DCl + HJ.$$

Auf beiden — eng verwandten — Gebieten gibt es eine große Zahl von Arbeiten über Isotopieeffekte, die nicht nur dem Sammeln experimenteller Meßwerte, sondern vor allem der Anwendung in der theoretischen Chemie und in der Technik gewidmet sind (vergl. Abschnitt 5.4.).

### *5.3.1. Dissoziationsgleichgewichte*

Der Isotopieeffekt in Dissoziationsgleichgewichten ist als Quotient aus den Dissoziationskonstanten der verglichenen isotopen Systeme definiert: $K_l/K_s$, wobei die Konstante $K_l$ für das System mit dem leichteren Isotop im allgemeinen im Zähler steht. Er kann als primärer oder sekundärer Isotopieeffekt auftreten. Im Unterschied zum sekundären Isotopieeffekt schließt der *primäre Isotopieeffekt* die Spaltung und Rückbildung von chemischen Bindungen, an denen die betrachteten Isotope direkt beteiligt sind, ein (vergl. auch S. 88).

Neben Isotopieeffekt-Untersuchungen an Dissoziationsgleichgewichten von Gasen, die im Zusammenhang mit entsprechenden Isotopenaustausch-Gleichgewichten gestreift werden sollen (Abschnitt 5.3.2.), interessieren hauptsächlich *Säure-Base-Gleichgewichte in wäßriger Lösung*:

$$\mathrm{H}A + \mathrm{H_2O} \overset{K_\mathrm{H}}{\rightleftharpoons} \mathrm{H_3O^+} + A^-$$

$$\mathrm{D}A + \mathrm{D_2O} \overset{K_\mathrm{D}}{\rightleftharpoons} \mathrm{D_3O^+} + A^-.$$

$H_2O$ und $D_2O$ selbst unterscheiden sich erheblich in den Ionenprodukten (25 °C):

$$[\mathrm{H_3O^+}]\,[\mathrm{OH^-}] = 1{,}008 \cdot 10^{-14}$$

$$[\mathrm{D_3O^+}]\,[\mathrm{OD^-}] = 1{,}38 \cdot 10^{-15}.$$

Der Neutralpunkt der $p_H$-Wert-Skala $p_H = 7{,}0$ entspricht demzufolge $p_D = 7{,}43$ in der $p_D$-Wert-Skala. $D_2O$ ist ein schwächerer Elektrolyt als $H_2O$. Die Dissoziationskonstanten von OH-, NH-, SH- und CH-Säuren sind damit ebenfalls in $D_2O$ kleiner als in $H_2O$, d. h. die Säurestärke ist geringer.

Eine Abschätzung des Verhältnisses der Aciditätskonstanten von $HA/DA$ in $H_2O/D_2O$ aus Zustandssummen-Verhältnissen (Kap. 3.2.1.) ergibt für 25 °C

$$\frac{K_H}{K_D} = \frac{Q_{H_3O^+} \cdot Q_{D_2O} \cdot Q_{DA}}{Q_{D_3O^+} \cdot Q_{H_2O} \cdot Q_{HA}} \approx 3{,}3. \tag{59}$$

Die experimentellen Werte liegen in der Mehrzahl zwischen 2,5 und 3,9, wobei die schwächeren Säuren im allgemeinen die größeren $K_H/K_D$-Werte aufweisen (Abb. 13). Genau genommen liegen die Werte für ver-

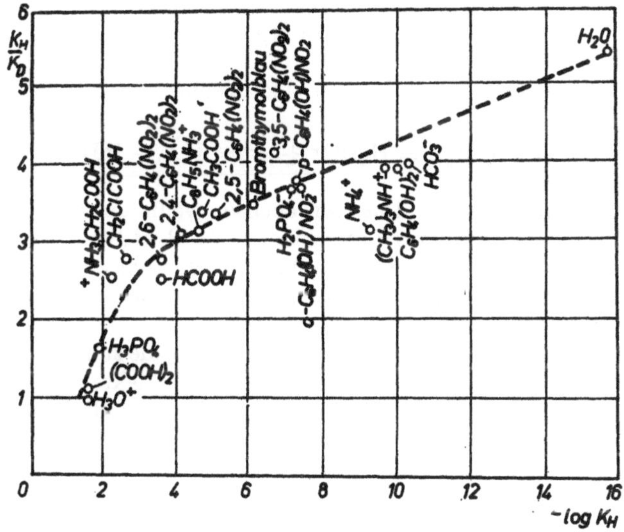


**Abb. 13:** Isotopieeffekt in den Dissoziationskonstanten von Säuren in Abhängigkeit von der Säurestärke [1].

schiedene Säuretypen ($R$COOH, $R$OH, $R$NH$_2$) auf verschiedenen Geraden. Dies stimmt mit dem beobachteten linearen Zusammenhang zwischen dem $p_K$-Wert und den H-$A$-Streckfrequenzen, die naturgemäß vom Säuretyp abhängig sind, überein. Auch bei sehr starken Säuren sind $K_H/K_D$-Werte bis zu 3 möglich.

Die Isotopieeffekte in Säure-Base-Gleichgewichten spielen bei den reaktionskinetischen Lösungsmittel-Isotopieeffekten eine wichtige Rolle und tragen dort zum Brutto-Isotopieeffekt bei (S. 143).

Die primären Isotopieeffekte des Dissoziationsgrades einer Säure oder Base sind nicht von der gleichzeitigen Wirkung des Lösungsmittels mit identischer isotoper Zusammensetzung zu trennen, da ein Vergleich der Gleichgewichte

$$\mathrm{D}A + \mathrm{H_2O} \rightleftharpoons \mathrm{H_2DO^+} + A^-$$

$$\mathrm{H}A + \mathrm{H_2O} \rightleftharpoons \mathrm{H_3O^+} + A^-$$

wegen des sehr schnellen Isotopenaustausches nach

$$\mathrm{D}A + \mathrm{H_2O} \rightleftharpoons \mathrm{H_2DO^+} + A^- \rightleftharpoons \mathrm{H}A + \mathrm{HDO}$$

nicht möglich ist. Das gilt ebenso, wenn anstelle des Wassers ein anderes Lösungsmittel (z. B. $H_2SO_4/D_2SO_4$) verwendet wird. Vielfach werden diese Isotopieeffekte als (*thermodynamische*) *Lösungsmittel-Isotopieeffekte* bezeichnet (vergl. S. 143).

Die relativ komplexen Zusammenhänge, die zum experimentell meßbaren Wert dieser Isotopieeffekte führen, zeigen sich beispielsweise in der nichtlinearen Beziehung zwischen $K_H/K_D$-Wert und Deuteriumgehalt des Lösungsmittels (Gross-Butler-Beziehung).

*Sekundäre Isotopieeffekte* in Dissoziationsgleichgewichten können unabhängig vom isotopen Lösungsmittel untersucht werden:

$$\begin{array}{lll} & p_K\text{-Wert} & \\ CH_3COOH + H_2O \xrightleftharpoons{K'_H} CH_3COO^- + H_3O^+ & 4{,}756 & \left(\dfrac{K'_H}{K'_D}\right)_{H_2O} = 1{,}04 \\ CD_3COOH + H_2O \xrightleftharpoons{K'_D} CD_3COO^- + H_3O^+ & 4{,}771 & \end{array}$$

$$\begin{array}{lll} CH_3COOD + D_2O \xrightleftharpoons{K_H} CH_3COO^- + D_3O^+ & 5{,}312 & \left(\dfrac{K_H}{K_D}\right)_{D_2O} = 1{,}03 \\ CD_3COOD + D_2O \xrightleftharpoons{K_D} CD_3COO^- + D_3O^+ & 5{,}325 & \end{array}$$

Sekundäre Isotopieeffekte werden nahezu ausschließlich an den Wasserstoffisotopen untersucht. Eine Deuterierung des aromatischen Ringes äußert sich in gewissen Fällen als relativ großer sekundärer Isotopieeffekt der Dissoziationskonstanten, z. B. am $C_6D_5OH$ in $H_2O$ bei 25 °C ($K_H/K_D = 1{,}12 \pm 0{,}02$) und am $(C_6D_5)_3CCl$ in $SO_2$ bei 0 °C ($K_H/K_D = 0{,}837 \pm 0{,}006$).

Auch die *Stabilität von Komplexverbindungen* wird durch die isotope Zusammensetzung des Wasserstoffs beeinflußt. Durch eine Deuterierung der Methylgruppen wird erwartungsgemäß die Stabilität des Chloranil-m-Xylol-Komplexes verringert: $K_H/K_D = 1{,}07$. In anderen Fällen wird ein inverser sekundärer Isotopieeffekt beobachtet, z. B. für das Gasphasen-Gleichgewicht

$$\left.\begin{array}{l} (H_3C)_3B + :N(CH_3)_3 \xrightleftharpoons{K_H} (H_3C)_3B:N(CH_3)_3 \\ (D_3C)_3B + :N(CH_3)_3 \xrightleftharpoons{K_D} (D_3C)_3B:N(CH_3)_3 \end{array}\right\} \frac{K_D}{K_H} = 1{,}25.$$

Die Ursache ist in einer verringerten Hyperkonjugation der $CD_3$-Gruppen mit dem freien Elektronenorbital des Bors im freien Trimethylboran zu sehen (vergl. auch S. 137).

Einer weiteren Unterteilung der sekundären thermodynamischen Isotopieeffekte folgend unterscheidet man zwischen Isotopieeffekten *1. Art* (mit räumlicher Umorientierung des betrachteten Isotops) und Isotopieeffekten *2. Art* (ohne diese Umorientierung); vergl. auch S. 130.

### 5.3.2. *Chemische Isotopenaustausch-Gleichgewichte*

Wie im vorstehenden Abschnitt bemerkt wurde, tauschen die Atome bestimmter Elemente, die sich in verschiedenen Verbindungen — oder in verschiedenen Bindungsbeziehungen innerhalb einer Verbindung — befinden, während der elektrolytischen Dissoziation ihre Plätze

$$AB + AC \rightleftharpoons A^{+}B^{-} + A^{+}C^{-} \rightleftharpoons AB + AC.$$

Dieser Austausch wird erst dann meßbar, wenn sich $A$ in $AB$ und $AC$ durch seine isotope Zusammensetzung unterscheidet:

$$A_lB + A_sC \rightleftharpoons A_sB + A_lC.$$

Nach den Vorstellungen der klassischen Statistik müßte dieser Austausch mit der Einstellung des thermodynamischen Gleichgewichtes zu einer völligen Gleichverteilung der Isotope in beiden Verbindungen führen:

$$(A_l)_{0.5}\,(A_s)_{0.5}\,C = (A_l)_{0.5}\,(A_s)_{0.5}\,B$$

oder $K = 1{,}00$.

Die unterschiedlichen Nullpunktsenergien der Isotope bewirken jedoch, daß auch nach der Gleichgewichtseinstellung eine von $K = 1$ abweichende Isotopenverteilung vorliegt, z. B.

$$(A_l)_{0.52}\,(A_s)_{0.48}\,C = (A_l)_{0.48}\,(A_s)_{0.52}\,B$$

oder $K \sim 1{,}17$.

Dieser Isotopieeffekt in einem chemischen Isotopenaustausch-Gleichgewicht ist demzufolge zu definieren als Abweichung der Isotopenverteilung von der klassisch geforderten Gleichverteilung. Die diesen Isotopieeffekt charakterisierende *Gleichgewichtskonstante* $K$ erhält man als Quotienten aus den Konzentrationsprodukten der Austauschpartner

$$K = \frac{[A_s\mathrm{B}]\,[A_l\mathrm{C}]}{[A_lB]\,[A_sC]}.$$

Anstelle der Gleichgewichtskonstante $K$ wird häufig der übersichtlichere $\alpha$-Wert (*elementarer Trennfaktor, Austausch-, Verteilungs-, Trennkoeffizient*) angegeben, vergl. S. 44:

$$\alpha = \left(\frac{N_s}{N_l}\right)_{AB} : \left(\frac{N_s}{N_l}\right)_{AC} \tag{60}$$

oder als *Trennparameter* $\delta$

$$\delta = \alpha - 1.$$

$N_s$, $N_l$ sind die Atombrüche des schwereren und des leichteren Isotops. Den $\alpha$-Wert gibt man im allgemeinen als $> 1$ an, d. h., die Verbindung, in der das schwerere Isotop angereichert wird, steht im Zähler. Die Zahlenwerte für $\alpha$ und $K$ stimmen überein, wenn in jedem Molekül nur ein Atom am Austausch teilnimmt. In anderen Fällen müssen für eine genaue Umrechnung die Symmetriezahlen und im Falle der Wasserstoffisotope zusätzlich die Nullpunktsenergien, Schwingungsfrequenzen und Trägheitsmomente berücksichtigt werden.

Näherungsweise gilt

$$\alpha = \left(\frac{K}{K_0}\right)^{\frac{1}{m \cdot n}} \cdot \varphi(x) \tag{61}$$

($K_0$ = Gleichgewichtskonstante der klassisch-statistischen Verteilung, z. B. ist für $H_2 + D_2 \rightleftharpoons 2\,\mathrm{HD}$ $K_0 = 4$;
$m, n$ = Zahl der am Austausch teilnehmenden Atome, z. B. $m = 2$, $n = 2$; $\varphi(x)$ = Korrektionsglied für die Wasserstoffisotope).

Der Isotopenaustausch ist nicht von einer elektrolytischen oder thermischen Dissoziation abhängig, sondern auch zwischen im klassischen Sinne nicht dissoziierenden Bindungen möglich und kann mit allen möglichen Geschwindigkeiten verlaufen. Er ist nicht auf die Wasserstoffisotope und nicht auf die flüssige Phase beschränkt. Von besonderem Interesse für die Theorie der chemischen Bindung ist der Isotopieeffekt in Isotopenaustausch-Gleichgewichten einfacher *gas*förmiger Moleküle, die zu den einfachsten chemischen Reaktionen gehören. Für die Reaktion

$$\mathrm{HCl} + \mathrm{DJ} \rightleftharpoons \mathrm{DCl} + \mathrm{HJ}$$

ist $K = \frac{[\mathrm{DCl}]\,[\mathrm{HJ}]}{[\mathrm{HCl}]\,[\mathrm{DJ}]} = 1{,}59$ (0 °C), d. h., die Aufenthaltswahrscheinlichkeit des Deuteriums ist im Chlorwasserstoff um den Faktor 1,59 größer als im Jodwasserstoff.

Auch die Gleichgewichte chemischer Gasreaktionen der Art

$$\mathrm{H_2} + \mathrm{J_2} \rightleftharpoons 2\,\mathrm{HJ}$$

$$\mathrm{D_2} + \mathrm{J_2} \rightleftharpoons 2\,\mathrm{DJ}$$

sind mit einem Isotopieeffekt behaftet. Er entspricht der Gleichgewichtskonstante des Isotopenaustauschs zwischen Wasserstoff und Jodwasserstoff

$$2\,\mathrm{DJ} + \mathrm{H_2} \rightleftharpoons 2\,\mathrm{HJ} + \mathrm{D_2}$$

mit $K = 1{,}10$ (20 °C), d. h., Deuterium ist im Wasserstoff gegenüber dem Jodwasserstoff angereichert.

Einige für die Isotopentrennung und -anwendung wichtige Isotopieeffekte des Isotopenaustauschs in *Mischungen* verschiedener Substanzen *mit* $D_2O$ wurden in der Tab. 13 zusammengestellt.

Tabelle 13: *α-Werte der Protium/Deuterium-Verteilung für verschiedene Substanzen im Gleichgewicht mit Wasser bei 25°C [17]*

| Bindung | Substanz | α-Wert |
|---|---|---|
| O—H | Essigsäure | 1,03 |
| | Phenol | 1,07 |
| | Äthanol | 1,11 |
| | n-Amylalkohol | 1,09 |
| | Benzylalkohol | 1,10 |
| N—H | Ammoniak | 0,954 |
| | Formamid | 1,04 |
| | Acetamid | 1,02 |
| | Anilin | 1,11 |
| S—H | Schwefelwasserstoff | 0,455 |
| | Äthylmercaptan | 0,43 |
| | iso-Propylmercaptan | 0,495 |
| C—H | Aceton | 0,85 |

Man erkennt, daß z. B. die Aufenthaltswahrscheinlichkeit eines aciden Deuteriumatoms in phenolischen, alkoholischen und carbonsauren OH-Gruppen größer als in Wasser ist, in SH-Bindungen dagegen wesentlich kleiner als in Wasser. Mit Hilfe der statistischen Thermodynamik kann man diese Verteilungen erklären und für einfache Systeme vorausberechnen (S. 28).

Während für die Wasserstoffisotope sehr große Isotopieeffekte in den Austauschgleichgewichten möglich sind, liegen die Isotopieeffekte für den Isotopenaustausch *schwererer Elemente* bei nur wenigen Prozenten oder noch darunter (vergl. Tab. 14).

Aus der Tab. 14 folgt außerdem, daß der Isotopieeffekt mit steigender Temperatur abnimmt, um bei hohen Temperaturen mit dem Verschwinden der Quanteneffekte zu verschwinden, d. h., die Gleichgewichtskonstante entspricht dort dem der klassischen Statistik gehorchenden Wert $\alpha = 1$.

Tabelle 14: *Lage einiger Isotopenaustausch-Gleichgewichte [45]*

| Austauschreaktion | K | | | |
|---|---|---|---|---|
| | 0 °C | 25 °C | 127 °C | 327 °C |
| $H_2O + HD \overset{Pt}{\rightleftharpoons} HDO + H_2$ | 3,85 | 3,35 | 2,29 | 1,60 |
| $H_2O + HT \overset{Pt}{\rightleftharpoons} HTO + H_2$ | 7,64 | 6,19 | 3,46 | 2,0 |
| $H_2O + HDS \rightleftharpoons HDO + H_2S$ | 2,3 | 2,2 | 1,8 | 1,5 |
| $^{13}CO_2 + {}^{12}CO_3^{2-} \rightleftharpoons {}^{12}CO_2 + {}^{13}CO_3^{2-}$ | 1,016 | 1,012 | 1,004 | 0,998 |
| $H_2{}^{18}O + {}^1/_3C\,{}^{16}O_3^{2-} \rightleftharpoons H_2{}^{16}O + {}^1/_3C\,{}^{18}O_3^{2-}$ | 1,033 | 1,026 | 1,011 | 1,000 |
| $^{15}NH_3 + {}^{14}NH_4^+ \rightleftharpoons {}^{14}NH_3 + {}^{15}NH_4^+$ | 1,039 | 1,035 | 1,024 | 1,013 |

## 5.4. *Thermodynamische Isotopieeffekte in Technik und Forschung*

### 5.4.1. *Isotopentrennung*

Thermodynamische Isotopieeffekte stellen die Grundlage für zahlreiche technische Verfahren zur Anreicherung von stabilen oder von langlebigen radioaktiven Isotopen aus dem natürlichen Isotopengemisch dar. Die wichtigsten Verfahren beruhen auf der *Destillation*, auf dem *chemischen Austausch* und auf der *Austauschdestillation* geeigneter Substanzen oder Substanzgemische [46]. In allen Fällen wird die Effektivität des zugrundeliegenden Prozesses durch den elementaren Trennfaktor $\alpha$ charakterisiert. Im Gegensatz zu einigen auf physikalisch-kinetischen Isotopieeffekten beruhenden Isotopentrennverfahren (Kap. 4.2.) führt in chemischen oder in Phasengleichgewichten eine einzelne Trennoperation (d. h. hier eine Gleichgewichtseinstellung) noch nicht zu einer praktisch nutzbaren Anreicherung eines Isotops, sondern erst eine häufige Wiederholung der Trennoperation. Das erreicht man mit Hilfe von Gegenstromverfahren.

Im einfachsten Falle der *Destillation* läßt man in langen Füllkörper-Kolonnen den Dampf einer am unteren Ende siedenden Flüssigkeit dem am oberen Ende gebildeten und herablaufenden Kondensat dieser Substanz entgegenströmen. Ein Maß für die Anzahl der sich einstellenden Phasengleichgewichte bilden die sog. theoretischen Böden der Kolonne (theoretische Trennstufenzahl $n$). Den Zusammenhang mit dem Trennergebnis vermitteln die FENSKE-Gleichung

$$\frac{c_1}{100 - c_1} = \frac{c_2}{100 - c_2} \cdot \alpha^n \tag{62}$$

und die analoge KUHNsche Beziehung

$$n = \frac{1}{\log \alpha} \cdot \log \frac{c_e(1 - c_e)}{c_0(1 - c_0)} \tag{63}$$

($c_1$, $c_2$ = relative Häufigkeiten der schwerer flüchtigen Komponente am unteren und am oberen Kolonnenende;
$c_0$, $c_e$ = natürliche relative Häufigkeit und Endanreicherung des betrachteten Isotops).

So ist z. B. für die $^{18}$O-Anreicherung durch Gegenstromdestillation von Wasser auf $> 99$ Atom-% bei einem $\alpha$-Wert $= 1{,}0055$ $n > 2000$. Durch eine kontinuierliche Entnahme von sehr wenig $H_2{}^{18}O$ am unteren Kolonnenende wird eine ständige Neueinstellung des Gleichgewichts erzwungen. Größere praktische Bedeutung besitzen destillative Isotopentrennverfahren für die $D_2O$-Gewinnung sowie als Tieftemperatur-Destillation, z. B. zur Trennung der Neonisotope oder zur gleichzeitigen Anreicherung von $^{15}$N und $^{18}$O im NO.

Beim *chemischen Austausch* läßt man chemisch verschiedene Stoffe, zumeist den einen als *Gas* und den anderen als *Flüssigkeit*, gegeneinander strömen. Die Phasenumkehr erfolgt dabei im allgemeinen nicht thermisch, sondern chemisch, d. h., mit Hilfe zusätzlicher Chemikalien. Ein Verfahren zur $^{15}N$-Anreicherung nach SPINDEL und TAYLOR beruht auf dem thermodynamischen Isotopieeffekt $K = 1{,}06$ für das Isotopenaustausch-Gleichgewicht

$$H^{14}NO_3 + {}^{15}NO \rightleftharpoons H^{15}NO_3 + {}^{14}NO.$$

Zur Aufrechterhaltung dieses Gleichgewichts wird das in der Kolonne nach oben strömende NO am oberen Kolonnenende zu $HNO_3$ oxydiert und das am unteren Ende ankommende $HNO_3$ in NO zurückverwandelt.

Auch der *Flüssig-Flüssig-Austausch* (*Extraktion*), der *Fest-Flüssig-Austausch* (*Ionenaustausch-Chromatographie*) und der *Fest-Gas-Austausch* (*Gaschromatographie*) werden zur Isotopentrennung herangezogen.

Beim sog. *Heiß-Kalt-Verfahren* des chemischen Austauschs zur $D_2O$-Gewinnung nach

$$H_2O + HDS \rightleftharpoons HDO + H_2S$$

durchströmen die beiden Isotopenaustausch-Partner im Gegenstrom abwechselnd eine heiße und eine kalte Zone der Kolonne. Anstelle der chemisch erzwungenen Phasenumkehr und des damit verbundenen Chemikalienverbrauchs findet eine thermische Phasenumkehr statt. Auf Grund einer starken Temperaturabhängigkeit des elementaren Trennfaktors für dieses Gleichgewicht ($\alpha = 2{,}34$ bei 25 °C; $\alpha = 1{,}92$ bei 100 °C) nimmt das Wasser in dem kalten Kolonnenteil Deuterium auf und gibt einen Teil davon im heißen Teil wieder an den Schwefelwasserstoff ab. Durch die Wahl geeigneter Strömungsverhältnisse erzielt man, daß an der Grenze zwischen dem kalten und dem heißen Abschnitt die höchste D-Anreicherung im Wasser vorliegt. An dieser Stelle des Systems wird $D_2O$ entnommen.

Die *Austauschdestillation* als Sonderform des chemischen Austauschs hat sich zur Trennung der Bor-Isotope be-

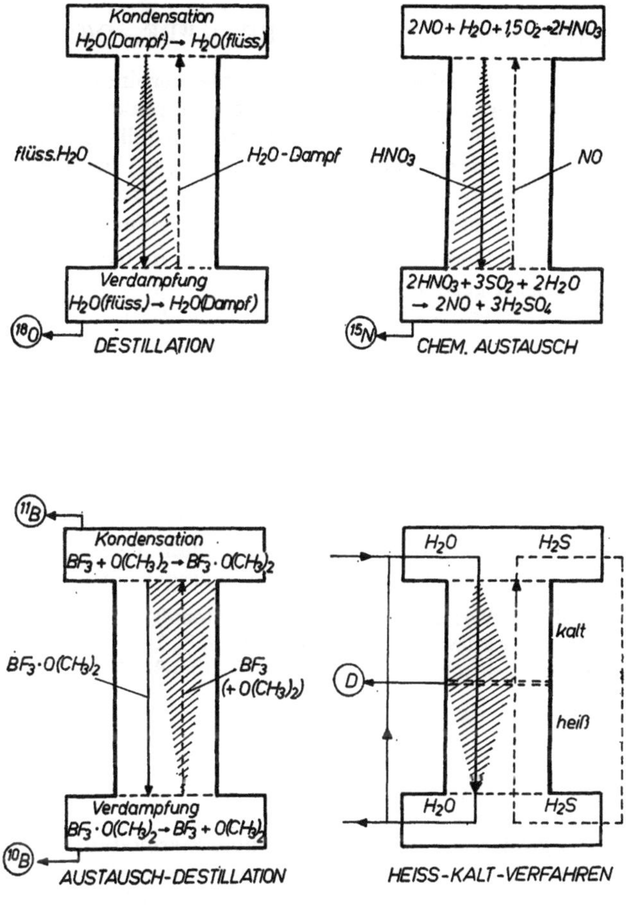


Abb. 14: **Schematische Gegenüberstellung von Beispielen für die Nutzung thermodynamischer Isotopieeffekte zur Isotopentrennung in Gegenstromkolonnen.**

**Der Graukeil stellt ein Maß für die relative Anreicherung des schwereren Isotops in der bezeichneten Komponente dar.**

währt:

$$^{10}BF_3 + {}^{11}BF_3 \cdot O(CH_3)_2 \rightleftharpoons {}^{11}BF_3 + {}^{10}BF_3 \cdot O(CH_3)_2.$$

Die am Rückfluß siedende Komplexverbindung Borfluorid-ätherat ist in der Dampfphase praktisch vollständig in $BF_3$ und $(CH_3)_2O$ zerfallen. Anstelle des sonst bei destillativen Isotopentrennvorgängen wirkenden Dampfdruck-Isotopieeffektes wird hier der Isotopieeffekt im Isotopenaustausch-Gleichgewicht vervielfacht.

Die verschiedenen Verfahren wurden in der Abb. 14 schematisch gegenübergestellt.

Eine weitere Sonderform der Isotopentrennung unter Ausnutzung eines thermodynamischen Isotopieeffektes ist die *Gegenstromelektrolyse von Komplexsalzen in homogener Phase.* Dabei kombiniert man den Isotopieeffekt eines Dissoziationsgleichgewichtes mit dem Isotopieeffekt einer Wanderungsgeschwindigkeit isotoper Ionen im Gegenstrom zum konvektiven Rücklauf.

In einer der größten $D_2O$-Gewinnungsanlagen der Welt (Savannah-River/USA) werden drei Verfahren kombiniert, um die ökonomisch günstigsten Bedingungen einzuhalten:

1. Heiß-Kalt-Verfahren (0,014 → 15 Atom-% D)
2. Wasser-Destillation (15 → 95 Atom-% D)
3. Wasser-Elektrolyse (95 → > 99 Atom-% D).

### 5.4.2. *Thermodynamische Isotopieeffekte in der Forschung*

Der größere Teil der Forschung über thermodynamische Isotopieeffekte dient der Neu- oder Weiterentwicklung von Isotopentrennverfahren. Daneben werden thermodynamische Isotopieeffekte auch in der Forschung auf anderen Gebieten angewandt. So erhält man durch Isotopieeffekt-Messungen Hinweise auf intermediäre Gleichgewichte während einer mehrstufigen Reaktion, besonders in der Biochemie.

Durch Vergleiche von theoretisch berechneten und experimentell ermittelten Isotopieeffekten kann man Rückschlüsse auf molekularkinetische Verhaltensweisen ziehen.

Thermodynamische Isotopieeffekte sind einer der Gründe für die Variationen in der natürlichen isotopen Zusammensetzung vieler Elemente. Der relative Unterschied des Deuteriumgehalts von Wasserstoff verschiedener Herkunft kann 50% betragen, für einige andere Isotope ($^{13}C$, $^{15}N$, $^{18}O$) bis zu 6%. In diesem Zusammenhang hat die Kenntnis thermodynamischer Isotopieeffekte besondere Bedeutung für geologische und hydrologische Untersuchungen erlangt, z. B. zur Messung von Paläotemperaturen oder zur Prospektierung von Lagerstätten (Kap. 8.).

Bei der Herstellung markierter Präparate durch Isotopenaustausch, z. B. mit $T_2O$, $T_2$, $D_2O$ oder $D_2$, sowie bei Isotopenverdünnungsanalysen, z. B. zur OH-Gruppenbestimmung mit $D_2O$, treten ebenfalls thermodynamische Isotopieeffekte auf. Sie sind rechnerisch zu berücksichtigen.

# 6. Reaktionskinetische Isotopieeffekte

## *6.1. Definitionen*

Alle Unterschiede im reaktionskinetischen Verhalten von Atomen oder Molekülen, die ausschließlich auf einer unterschiedlichen isotopen Zusammensetzung der betrachteten Substanzen beruhen, heißen *reaktionskinetische Isotopieeffekte.*

Der Zahlenwert des reaktionskinetischen Isotopieeffektes ist definiert als Quotient aus den Reaktionsgeschwindigkeitskonstanten zweier isotoper Atome oder Moleküle. In den letzten Jahren hat sich allgemein diejenige Schreibweise durchgesetzt, die die Geschwindigkeitskonstante des Moleküls mit dem leichteren Isotop als

Zähler des Quotienten angibt:

$$\frac{k_1}{k_2} = \frac{k_l}{k_s}, \quad \text{z. B.} \quad \frac{k_H}{k_D}.$$

Reaktionskinetische Isotopieeffekte können in verschiedenartigen Formen auftreten.

Ein *primärer reaktionskinetischer Isotopieeffekt* ist dann zu beobachten, wenn im geschwindigkeitsbestimmenden Schritt der betrachteten Reaktion diejenige Bindung gespalten (oder geknüpft) wird, an der die betrachteten Isotope direkt beteiligt sind.

Ein *sekundärer Isotopieeffekt* ist allgemein dann zu erwarten, wenn das Reaktionszentrum (Ort der Bindungsspaltung) nicht mit der Bindung identisch ist, an der die betrachteten Isotope teilhaben. Sie sind im allgemeinen um eine Größenordnung kleiner als die primären Effekte.

Am Beispiel der Decarboxylierung von Malonsäure seien die verschiedenen Arten reaktionskinetischer Isotopieeffekte demonstriert.

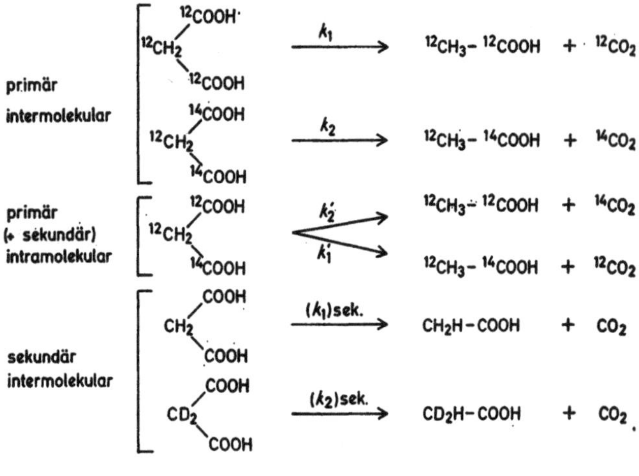

Reaktionskinetische Isotopieeffekte treten zumeist als *intermolekulare Isotopieeffekte* auf, d. h., jedes der verglichenen Isotope befindet sich in einem anderen Molekül.

Bei bestimmten Molekülen können *intramolekulare Isotopieeffekte* beobachtet werden. Dabei werden zwei funktionell gleiche Atome oder Atomgruppen im selben Molekül, die sich nur in ihrer isotopen Zusammensetzung unterscheiden, miteinander verglichen. Bei diesen Isotopieeffekten tritt zwangsläufig zugleich ein sekundärer Isotopieeffekt auf.

Das durch den intramolekularen Isotopieeffekt vorgegebene Verhältnis der isotopen Reaktionsprodukte bleibt — homogene Markierung der Ausgangssubstanz vorausgesetzt — die ganze Reaktion über konstant, da es durch das unveränderliche Verhältnis der verglichenen Molekülteile unterschiedlicher isotoper Zusammensetzung bestimmt wird. Es bleibt auch nach einer vollständigen Umsetzung erhalten und ist unabhängig von der Reaktionstemperatur.

Das entsprechende Verhältnis für den intermolekularen Isotopieeffekt ist nur zu Reaktionsbeginn dem des intramolekularen vergleichbar. Während der Reaktion reichert sich mit $\frac{k_1}{k_2} > 1$ die Ausgangssubstanz mit dem schwereren Isotop an. Bei der Ermittlung von $\frac{k_1}{k_2}$ aus experimentellen Daten muß dieser Umstand berücksichtigt werden (vergl. S. 93). Nach einem vollständigen Umsatz verschwindet der von $\frac{k_1}{k_2}$ vorgegebene Unterschied im Verhältnis der isotopen Reaktionsprodukte wieder völlig, und es bleibt nur das dem thermodynamischen Trennfaktor und der Stoffbilanz entsprechende Produktverhältnis bestehen. In der Abb. 15 sind diese Zusammenhänge dargestellt.

Weiterhin unterscheidet man zwischen einfachen und komplexen (oder „Brutto“-, „gross“, „all reaction rate“,

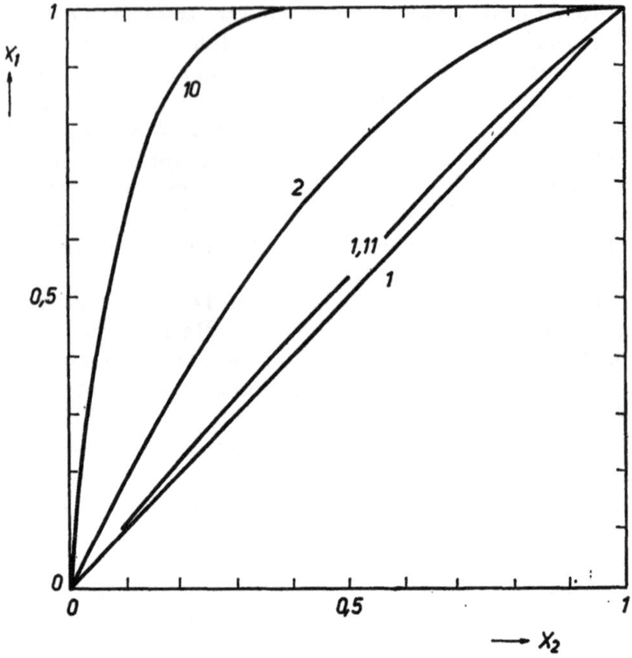


**Abb. 15: Beziehung zwischen den Umsatzgraden $x_1$ und $x_2$ zweier konkurrierend reagierender isotoper Moleküle nach der Gleichung**
**$x_1 = 1 - (1 - x_2)^{k_1/k_2}$.**
**Die Zahlen an den Kurven stehen für $k_1/k_2$ [3].**

„overall") Isotopieeffekten. Die im Kapitel 3. angeführten Theorien und Berechnungen beziehen sich auf einen *einfachen Isotopieeffekt*, d. h., auf den Isotopieeffekt in einem kinetischen Elementarschritt. Es kann sich dabei um eine einstufige Reaktion handeln oder um eine mehrstufige, bei der nur ein Elementarschritt kinetisch in Erscheinung tritt und alle anderen Schritte sehr schnell verlaufen.

*Komplexe Isotopieeffekte* sind das experimentell zugängliche Ergebnis mehrerer kinetisch wirksamer Anteile einer Reaktion und in einem erweiterten Sinne die Summe verschiedener Arten von Isotopieeffekten in einem als Gesamtheit interessierenden Prozeß. Durch bestimmte experimentelle Hilfsmittel können in manchen Fällen aus komplexen Isotopieeffekten Elementarschritt-Isotopieeffekte („component isotope effects") isoliert werden. Die komplexen Isotopieeffekte sind einer theoretischen Behandlung besonders schwer zugänglich. Sie treten in der Chemie hauptsächlich bei Kettenreaktionen und bei Lösungsmittelreaktionen (Lösungsmittelisotopieeffekte) auf, allgemeiner in der Biologie und in den Geowissenschaften.

Während die einfachen primären Isotopieeffekte im allgemeinen die theoretisch erwartete Richtung $\frac{k_1}{k_2} > 1$ haben (*normale* reaktionskinetische Isotopieeffekte), wurden in zahlreichen Fällen auch sog. *inverse* Isotopieeffekte mit $\frac{k_1}{k_2} < 1$ gemessen. Diese inversen Effekte sind im allgemeinen die Folge mehrerer Teilschritt-Isotopieeffekte oder vorgelagerter Gleichgewichte, die sich auf den Isotopieeffekt der Gesamtreaktion unterschiedlich auswirken. Inverse Isotopieeffekte sind bei gewissen Lösungsmittelreaktionen üblich. Sie sind ferner bei der Teilnahme freier isotoper Atome an der Reaktion und bei sekundären Isotopieeffekten möglich oder, allgemeiner ausgedrückt, wenn das Isotop im Übergangszustand fester gebunden ist als im Ausgangsmolekül (vergl. Abb. 4).

## 6.2. *Meßmethoden*

Die experimentelle Ermittlung reaktionskinetischer Isotopieeffekte kann prinzipiell auf zwei verschiedenen Wegen erfolgen:

1. Unabhängige Messungen von Geschwindigkeitskonstanten oder ihnen äquivalenten Größen an den isolierten isotopen Substanzen unter völlig identischen Bedingungen (*Methode der Absolutmessungen*);

2. Produktanalysen an partiell bzw. sukzessiv umgesetzten Mischungen aus beiden isotopen Substanzen (*Konkurrenzmethode*).

Beide Methoden werden auch in der Kinetik nicht isotop substituierter Systeme angewandt, z. B. zur Ermittlung der Relativgeschwindigkeiten einer Reihe von Homologen. In der Isotopentechnik ist die Entscheidung für eine dieser Methoden vom Meßproblem, von den chemischen Gegebenheiten und vom Charakter der beteiligten Isotope abhängig.

Die *Methode der Absolutmessungen* von Geschwindigkeitskonstanten sollte voraussetzen, daß beide isotope Substanzen in reiner Form vorliegen. Für das Beispiel des sekundären Isotopieeffektes der Hydrolysegeschwindigkeit von deuteriertem tert.-Butylchlorid hieße das, die $k$-Werte müßten an $(CH_3)_3CCl$ mit 0 und an $(CD_3)_3CCl$ mit 100 Atom-% Deuterium gemessen werden. Wie aus Kap. 5. folgt, ist eine 100%ige Deuteriumsubstitution aus prinzipiellen Gründen unmöglich. In der Praxis erreicht man heute an Sekundärpräparaten (die nicht als unmittelbares Endprodukt der Deuteriumanreicherung anfallen) bis zu 99,5 Atom-% Deuterium. Ein für diese relative Deuteriumhäufigkeit gemessener Zahlenwert der Geschwindigkeitskonstante wird dann entweder dem Wert für 100 Atom-% gleichgesetzt, um damit dem Wert für $k_D$ zu entsprechen, oder es werden mehrere Werte von $k_{(H+D)}$ bestimmt, um daraus auf $k_D$ zu extrapolieren. Hierbei ist allerdings zu prüfen, ob eine — zumeist linear erfolgende — Extrapolation tatsächlich zum wahren Wert von $k_D$ führt. Im allgemeinen trifft das nicht zu (vergleiche S. 125) Man gibt deshalb in den meisten Arbeiten als $k_D$ den experimentell ermittelten Wert zusammen mit der am Reaktionsort der Substanz vorliegenden relativen D-Häufigkeit an. In entsprechender Weise stellt der Zahlenwert für $k_H$ nicht die Geschwindigkeitskonstante der reinen Protiumverbindung dar, sondern für die natürliche relative Häufigkeit der Wasserstoffisotope, d. h., 0,0147 Atom-% D.

Da für die Absolutmessungen von $k_1$ und $k_2$ zumindest eine erhebliche Anreicherung des seltenen Isotops vorauszusetzen ist, bleibt diese Methode hauptsächlich auf die Ermittlung von Wasserstoff-Deuterium-Isotopieeffekten beschränkt. Ihr Vorteil ist eine verhältnismäßig einfache Experimentiertechnik und die Unabhängigkeit von einem Isotopenanalysator. Es müssen lediglich die relativen isotopen Häufigkeiten der beiden Ausgangssubstanzen bekannt sein. Die eine Substanz ist in der Regel eine Substanz mit der natürlichen isotopen Zusammensetzung. Die Vergleichssubstanz mit der davon abweichenden isotopen Zusammensetzung kann man heute einschließlich Ergebnis der Isotopenanalyse nach Katalog kaufen, so daß eigene Isotopenanalysen entfallen. Die Ermittlung des Zahlenwertes für $k_1$ und $k_2$ aus den Versuchsdaten erfolgt nach den bekannten Verfahrensweisen zur Bestimmung von Reaktionsgeschwindigkeitskonstanten, wie sie beispielsweise von K. J. Laidler („*Chemical Kinetics*“, New York 1965) angegeben werden.

Die *Methode der Produktanalyse* an konkurrierend reagierenden Mischungen aus den beiden isotopen Substanzen ist für die Bestimmung von reaktionskinetischen Isotopieeffekten an allen isotop zusammengesetzten Elementen geeignet. Selbst an Verbindungen mit den natürlichen relativen Isotopenhäufigkeiten können auf diese Weise Isotopieeffekte gemessen werden. Voraussetzung dieser Methode ist die Möglichkeit genauer Isotopenanalysen an den Ausgangsstoffen oder den Reaktionsprodukten in Abhängigkeit vom ebenfalls genau zu bestimmenden Umsatzgrad. Die Reaktion darf nicht vollständig sein, sonst wird die Verteilung der Isotope nur noch durch die Stoffbilanz und den thermodynamischen Trennfaktor bestimmt. Die Methode eignet sich besonders gut zur Bestimmung von Isotopieeffekten an radioaktiv markierten Präparaten. Außer der Experimentiertechnik ist auch die Berechnung aufwendiger als bei der zuerst beschriebenen Methode. Im folgenden werden drei Berechnungswege angegeben.

*a*) Ermittlung von $\frac{k_1}{k_2}$ aus der Änderung der isotopen Zusammensetzung einer *Ausgangssubstanz* der Reaktion.

Aus den beiden konkurrierenden Reaktionen

$$A_{(1)} + B \rightarrow A_{(1)}B$$

und

$$A_{(2)} + B \rightarrow A_{(2)}B$$

mit den Geschwindigkeitsgesetzen

$$-\frac{d[A_{(1)}]}{dt} = k_1 \cdot [A_{(1)}][B]$$

und

$$-\frac{d[A_{(2)}]}{dt} = k_2 \cdot [A_{(2)}][B]$$

folgt

$$d \ln [A_{(1)}] = \frac{k_1}{k_2}\, d \ln [A_{(2)}].$$

Setzt man $([A_{(1)}] + [A_{(2)}]) = a$ zur Zeit $t$ und $= a_0$ zur Zeit $t_0$ (Reaktionsstart), sowie die relative isotope Häufigkeit von $A_{(2)} = x$ beziehungsweise $x_0$ (in Atombrüchen), so ist

$$[A_{(2)}] = a \cdot x \quad \text{und} \quad [A_{(1)}] = a - a \cdot x.$$

Man erhält dann nach der Integration von $t_0$ bis $t$ und Umschreibung auf dekadischen Logarithmus

$$\frac{k_1}{k_2} = \frac{\log \dfrac{a - ax}{a_0 - a_0 x_0}}{\log \dfrac{ax}{a_0 x_0}}. \tag{64}$$

Führt man in Gleichung (64) für $\frac{a}{a_0} = (1 - s)$ ein $\left(\text{mit } \frac{a_0 - a}{a_0} = s \equiv \text{Umsatzgrad}\right)$, so gelangt man zu

$$\frac{k_1}{k_2} = \frac{\log \frac{1 - x}{1 - x_0} - \log (1 - s)}{\log \frac{x}{x_0} - \log (1 - s)}. \tag{65}$$

Bei hinreichend kleinem $x_0$ (z. B. bei Isotopieeffekten unter Beteiligung eines radioaktiven Tracers) kann der Anteil $\log \frac{1 - x}{1 - x_0}$ vernachlässigt werden, und man gelangt zu der einfachen Beziehung

$$\frac{k_1}{k_2} = \frac{\log (1 - s)}{\log (1 - s) - \log \frac{x}{x_0}}. \tag{66}$$

*b*) Ermittlung von $\frac{k_1}{k_2}$ aus der Änderung der isotopen Zusammensetzung eines *Reaktionsproduktes*.

Anstelle von $x$ (relative isotope Häufigkeit von $A_{(2)}$ im Ausgangsstoff) muß in die Gleichung (65) die Größe $y$ für die relative isotope Häufigkeit von $A_{(2)}$ im Reaktionsprodukt eingeführt werden. Nach der Soffbilanz für den unumgesetzten Ausgangsstoff zur Zeit $t_0$ und zur Zeit $t$ zusammen mit dem bis dahin gebildeten Reaktionsprodukt

$$x_0 a_0 = xa + y(a_0 - a)$$

ist

$$y = \frac{x_0 - x(1 - s)}{s}. \tag{67}$$

Für vergleichbare Mengen der Isotope $A_{(2)}$ und $A_{(1)}$ erhält man

$$\frac{k_1}{k_2} = \frac{\log(1 - s)}{\log(1 - s) + \log\dfrac{x_0 - ys}{x_0(1 - s)}}. \tag{68}$$

Für kleines $x_0$ verbleibt

$$\frac{k_1}{k_2} = \frac{\log(1 - s)}{\log(x_0 - sy) - \log x_0}. \tag{69}$$

Sehr einfach wird der Ausdruck für den Fall, daß die relative isotope Häufigkeit $y$ bereits kurz nach dem Reaktionsstart bestimmt wird:

$$\frac{k_1}{k_2} = \frac{x_0(1 - y)}{y(1 - x_0)} \tag{70}$$

und für kleines $x_0$

$$\frac{k_1}{k_2} = \frac{x_0}{y}. \tag{71}$$

c) Ermittlung von $\frac{k_1}{k_2}$ *ohne Kenntnis von $x$, $y$ und $s$.* Man ermittelt die relative isotope Häufigkeit $z$ eines zwischen den Zeiten $t_1$ und $t_2$ entstandenen Teils des Reaktionsproduktes und die zu diesen Zeiten unumgesetzten Anteile $s_a$ und $s_b$. Für kleines $x_0$ gibt Brodsky folgende Formel an:

$$\frac{z}{x_0} = \frac{(1 - s_a)^{1/\alpha} - (1 - s_b)^{1/\alpha}}{s_b - s_a} \tag{72}$$

$\left(\alpha = \frac{k_1}{k_2}\right)$.

Ist außerdem $s_b - s_a$ hinreichend klein (d. h., die

Analysenprobe ist klein), so gilt mit $s = \frac{s_a + s_b}{2}$

$$\frac{z}{x_0} = \frac{1}{\alpha}(1 - s)^{-\frac{\alpha-1}{\alpha}}. \tag{72}$$

Wenn eine Umsetzung mehrere Parallelreaktionen zuläßt, und es entstehen chemisch verschiedene Reaktionsprodukte, so werden nach den Methoden *b*) und *c*) spezifisch die Isotopieeffekte dieser Parallelreaktionen erfaßt. Spezielle Berechnungswege hierfür gibt MELANDER an [3].

## *6.3. Primäre reaktionskinetische Wasserstoff-Isotopieeffekte*

Protium/Deuterium- und Protium/Tritium-Isotopieeffekte stellen den weitaus größten Teil der experimentellen Arbeiten über reaktionskinetische Isotopieeffekte. K. B. WIBERG referierte im Jahre 1955 bereits 240 Arbeiten über Deuterium-Isotopieeffekte, und seitdem ist das Material lawinenartig angewachsen. Wir beschränken uns hier auf einige typische Beispiele und den Versuch, aus den zahlreichen Experimenten einige allgemeine Gesichtspunkte über die Größe dieser Isotopieeffekte herzuleiten.

Um eine Vorstellung über die Größe eines reaktionskinetischen Isotopieeffektes zu vermitteln, ließ H. ZOLLINGER in einem Vorlesungsversuch folgende Reaktionen ablaufen [50]:

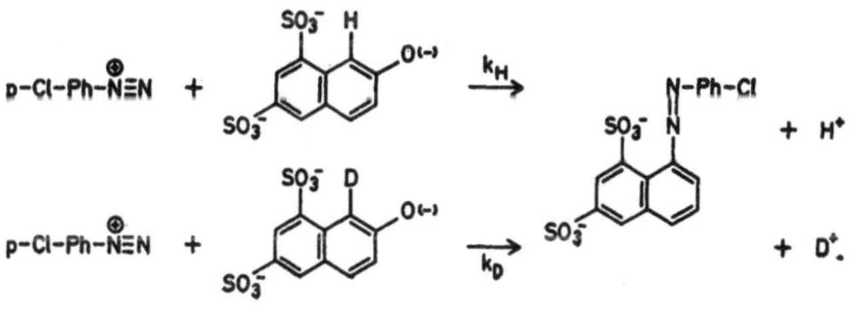

2-Naphthol-6,8-disulfonsäure (G-Säure) und G-Säure-[1-D] wurden in zwei Bechergläsern zu gleichen Konzentrationen in Pufferlösung gelöst und dann bei 10°C mit identischen Mengen diazotierter p-Chloranilinlösung versetzt. Die Verfärbung der Lösungen erfolgte im Becherglas mit der G-Säure-[1-D] deutlich langsamer. Genaue Messungen ergaben $\frac{k_H}{k_D} = 6{,}55$.

Beim Vergleich dieses Wertes mit dem von BIGELEISEN berechneten maximalen reaktionskinetischen Isotopieeffekt bei 25 °C $\frac{k_H}{k_D} = 18$ (Tab. 3, S. 36) muß festgestellt werden, daß das Experiment nur etwa ein Drittel des theoretischen Wertes ergab. Das ist jedoch nicht verwunderlich aus mehreren Gründen:

Die einzelne Reaktion und das spezielle Molekül weisen zahlreiche Eigenheiten auf, die in einer solch allgemeinen Aussage nicht berücksichtigt sein können. Der Wert $\frac{k_H}{k_D} = 18$ ist für ein Modell berechnet worden, das zwei gegeneinander schwingende Massepunkte verkörpert und dessen einer Massepunkt nach Art der thermischen Dissoziation abgespalten wird. Bei Protonenübertragungsreaktionen wie den Kupplungsreaktionen liegen im Übergangszustand ganz andere Verhältnisse vor.

Es gibt zahlreiche Versuche, die strukturellen Gegebenheiten und auch spezifische Reaktionsbedingungen in der Vorausberechnung von Isotopieeffekten zu berücksichtigen. So gibt beispielsweise WIBERG die Maximalwerte getrennt für $\frac{C-H}{C-D}$-, $\frac{O-H}{O-D}$- und $\frac{N-H}{N-D}$- Bindungen an und legt der Berechnung eine sog. Halblösung der Bindungen im Übergangszustand zugrunde, um die Übereinstimmung mit den experimentellen Erfahrungen zu verbessern (Tab. 15).

Diese Halblösung besagt, daß der abgespaltene Wasserstoff mit dem Grade seiner Entfernung von der Ausgangsverbindung bereits zunehmend dem Reaktionsprodukt angehört. Liegt der Übergangszustand nicht genau in der Mitte zwischen Ausgangs- und Endzustand, so kann nach WESTHEIMER der theoretische Maximalwert des Isotopieeffektes nicht erreicht werden.

Tabelle 15: *Maximale reaktionskinetische primäre Deuterium-Isotopieeffekte für eine Streckschwingung* (nach K. B. WIBERG *[11]*)

| Bindung | 0 °C | 25 °C | 100 °C | 200 °C | 300 °C | 500 °C |
|---|---|---|---|---|---|---|
| C—H | 8,3 | 6,9 | 4,7 | 3,4 | 2,7 | 2,1 |
| N—H | 10,3 | 8,5 | 5,5 | 3,9 | 3,0 | 2,2 |
| O—H | 12,6 | 10,6 | 6,6 | 4,4 | 3,4 | 2,5 |

Die Übereinstimmung des experimentellen Wertes von ZOLLINGER mit dem entsprechenden Wert für 25 °C aus der Tab. 15 $\left(\frac{k_H}{k_D} = 6,9\right)$ ist zwar sehr gut, aber rein zufällig. Schon der Übergang zu einer anderen Säure oder einer anderen Kupplungskomponente kann den experimentellen Isotopieeffekt stark ändern. So ergibt die gleiche G-Säure-[1-D] wie im oben zitierten Versuch unter den gleichen Bedingungen mit p-Nitrodiazobenzol den Wert $\frac{k_H}{k_D} = 4,78$.

Die von Reaktion zu Reaktion verschieden großen Isotopieeffekte ließen Verallgemeinerungen zunächst unmöglich erscheinen und regten zur Untersuchung von immer mehr Systemen an. Erst in jüngerer Zeit zeichnen sich auf der Grundlage dieses experimentellen Materials einige Regeln ab.

Eine allgemeingültige Regel für Wasserstoff-Isotopieeffekte betrifft das Verhältnis der Größe des H/D-Isotopieeffektes zur Größe des H/T-Isotopieeffektes unter identischen Bedingungen. Die von SWAIN und Mitarbeitern angegebene Beziehung

$$\frac{k_H}{k_T} = \left(\frac{k_H}{k_D}\right)^{1,442}$$

trifft im Temperaturbereich $0 \cdots 100\,°C$ zu und wird folgendermaßen begründet [43]:

Berücksichtigt man nur die Valenzschwingungen der isotopen Bindungen und vereinfacht zu

$$\frac{k_H}{k_D} = E\left(\frac{1}{\sqrt{m_H}} - \frac{1}{\sqrt{m_D}}\right) \text{ und } \frac{k_H}{k_T} = E\left(\frac{1}{\sqrt{m_H}} - \frac{1}{\sqrt{m_T}}\right),$$

so folgt mit $m_H = 1{,}0081$, $m_D = 2{,}0147$ und $m_T = 3{,}0170$

$$\frac{k_H}{k_T} = \left(\frac{k_H}{k_D}\right) \exp.\left[\frac{m_H^{-1/2} - m_T^{-1/2}}{m_H^{-1/2} - m_D^{-1/2}}\right] = \left(\frac{k_H}{k_D}\right)^{1,442}.$$

Ganz allgemein ist die Größe der reaktionskinetischen Isotopieeffekte von mehreren Parametern abhängig. Dazu gehören unter anderem der Reaktionstyp, die Konfiguration der Reaktionspartner und die Reaktionsbedingungen. Da diese Parameter zugleich auch den Reaktionsmechanismus bestimmen, ist ein Zusammenhang zwischen der Größe des Isotopieeffektes und dem Reaktionsmechanismus zu erwarten.

### *6.3.1 Die Größe des primären reaktionskinetischen Wasserstoff-Isotopieeffektes bei verschiedenen Reaktionstypen*

#### *6.3.1.1. Ionische Reaktionen*

An ionischen Reaktionen wurden $k_H/k_D$-Werte von kleiner als 1 bis über 20 gemessen. Eine Betrachtung verschiedener Typen von ionischen Reaktionen soll zeigen, in welchem Maße der Reaktionstyp die Größe des Isotopieeffektes mitbestimmt.

### *Elektrophile aromatische Substitution*

Zu den Reaktionen des Typs

$$\mathrm{Ar} \cdot \mathrm{H} + X^+ \rightarrow \mathrm{Ar} \cdot X + \mathrm{H}^+$$

gehören beispielsweise die Nitrierung, Halogenierung, Sulfonierung, FRIEDEL-CRAFTS-Reaktionen und Azokupplungen. Das Interesse an der Größe des Isotopieeffektes bei diesen Reaktionen zeigt sich in sehr vielen Originalveröffentlichungen und einigen umfangreichen Übersichten, z. B. von OLAH und von ZOLLINGER [50].

Bei vielen elektrophilen Substitutionsreaktionen wurden keine oder nur sehr kleine Isotopieeffekte gefunden. So liegen die sieben von OLAH referierten $k_H/k_D$-Werte für die *Nitrierung* aromatischer Verbindungen zwischen $0{,}82 \pm 0{,}03$ und $1{,}08 \pm 0{,}1$ und die $k_H/k_T$-Werte für 13 Verbindungen zwischen 0,88 und $< 1{,}35$.

Für die *Bromierung* wurden bei 19 Reaktionen $k_H/k_D$-Werte zwischen $0{,}92 \pm 0{,}1$ und 2,6, die Mehrheit davon bei 1,0, gemessen und für die *Chlorierung* zwischen 0,87 $\pm$ 0,01 und 1,0. Bei *Jodierungen* hingegen ergaben von 16 Reaktionen nur drei $k_H/k_D = 1{,}0$, während alle anderen Werte zwischen 2,4 und 5,5 lagen. Im Bereich $1{,}6 \cdots 3{,}6$ liegen die $k_H/k_D$-Werte für die *Acylierung, Acetylierung* und *Nitrosierung*. Für FRIEDEL-CRAFTS-*Alkylierungen* liegen alle Werte in der Nähe von 1 und für FRIEDEL-CRAFTS-*Cyclisierungen* zwischen 1,13 und 4,71. Bei *Sulfonierungen* wurden $k_H/k_D$-Werte zwischen 1,14 und 2,0 und $k_H/k_T$-Werte um 2,0 gefunden. Die größten Wasserstoff-Deuterium-Isotopieeffekte bei elektrophilen aromatischen Substitutionen fand ZOLLINGER bei *Azokupplungsreaktionen*: $k_H/k_D = 1{,}0 \cdots 6{,}55$.

Als Hauptargument für die Erklärung der kleinen Isotopieeffekte wird der Zweistufen-Mechanismus der elektrophilen Substitution angeführt:

$S_E2$

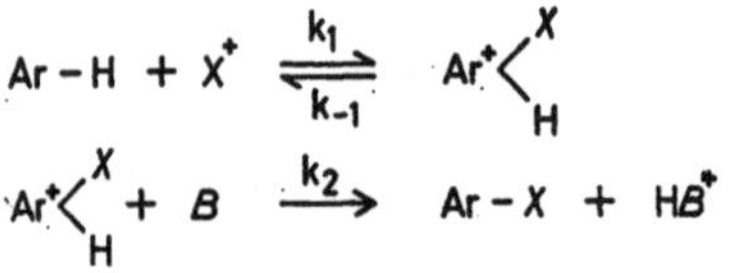


$S_E3$

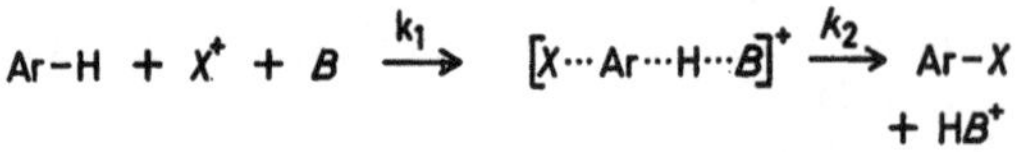


Ist der erste Schritt geschwindigkeitsbestimmend und wird in diesem Schritt keine Kohlenstoff-Wasserstoff-Bindung gespalten sondern nur leicht verändert, so kann man für die vollständige Reaktion nur einen sekundären Isotopieeffekt finden. Eine Modifizierung dieser älteren Anschauung durch Wiberg [47] besagt in Anlehnung an Westheimers Theorie (S. 38), daß in gewissen Fällen der Protonenübergang durchaus geschwindigkeitsbestimmend sein kann, eine durch das elektrophile Reagens hervorgerufene Asymmetrie des Übergangszustands jedoch oftmals so groß ist, daß nur oder fast nur die Masse-Faktoren $k_H/k_D = 1{,}4$ oder $k_H/k_T = 1{,}7$ als meßbare Isotopieeffekte verbleiben. Bei der Nitrierung, Halogenierung und Alkylierung liegt der Übergangszustand im allgemeinen nahe dem Ausgangszustand, und die Protonenübertragung ist stark exotherm. Schwächer elektrophile Reagenzien, die auch eine ausgeprägte Substanz- und Positionsselektivität besitzen, führen zu „späteren" Übergangszuständen mit ausgeprägten Isotopieeffekten (einige Acylierungs-, Azokupplungs- und Halogenierungsreaktionen).

*Nukleophile aromatische Substitution*

Bei Reaktionen des Typs

$$Ar-X + Y^- \underset{k_{-1}}{\overset{k_1}{\rightleftharpoons}} Ar^-\!\!<\!\!\begin{smallmatrix}X\\Y\end{smallmatrix} \xrightarrow{k_2} Ar-Y + X^-$$

($S_N$1-*Mechanismus*) ist $X$ nur in seltenen Fällen Wasserstoff, so daß Untersuchungen von Wasserstoff-Isotopieeffekten hier von untergeordnetem Rang sind. Einige Untersuchungen mit $Y^- = R—ND_2$ in inerten Lösungsmitteln (kein Wasserstoff-Isotopenaustausch möglich) ergaben nur in einem Falle einen von 1 abweichenden Isotopieeffekt ($k_H/k_D = 1{,}7$ für die Umsetzung von *p*-Anisidin-[$D_2$] mit 1-Fluor-2,4-dinitrobenzol). In den anderen untersuchten Fällen wird angenommen, daß die Spaltung der N—H-Bindung bei der Bildung des sekundären Amins nicht geschwindigkeitsbestimmend ist.

Anders ist es beim Benzyn- oder *Eliminierungs-Additions-Mechanismus*, der beispielsweise für die Aminierung von halogeniertem Benzol durch Kaliumamid postuliert wurde:

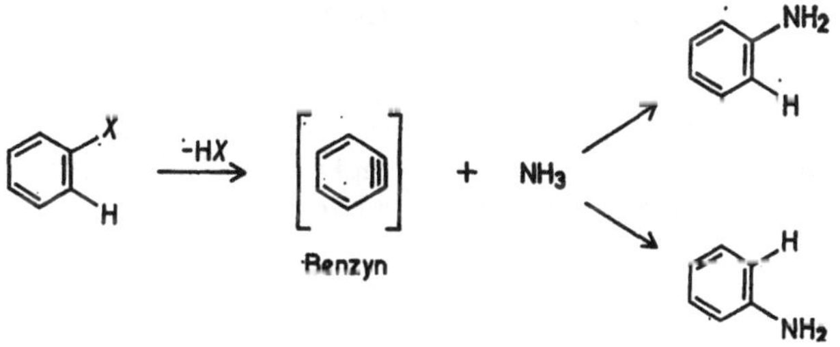


Da $k_H/k_D$-Werte um 5,5 gefunden wurden, ist der $S_N$1-Mechanismus auszuschließen und stattdessen als erster und geschwindigkeitsbestimmender Schritt ein

Protonenübertritt zum Metall anzunehmen, wobei eine Aryl-Metall-Bindung geknüpft wird.

Für die scheinbar analoge TSCHITSCHIBABINsche Reaktion der direkten Aminierung von Pyridin wiederum wurde kein Isotopieeffekt gefunden, so daß die Dehydro-Zwischenstufe hier auszuschließen ist. Die Metallierung von Thiophen durch n-Butyllithium (mit anschließender Umsetzung zur Carbonsäure) hingegen verläuft mit $k_H/k_D = 6{,}6 \pm 0{,}3$ und mit $k_H/k_T = 16 \pm 4$. Ähnliche Umsetzungen mit Alkylalkali-Verbindungen sowie nukleophile aromatische Merkurierungen ergaben ebenfalls Isotopieeffekte dieser Größe.

*Eliminierungsreaktionen*

Bei Reaktionen des Typs

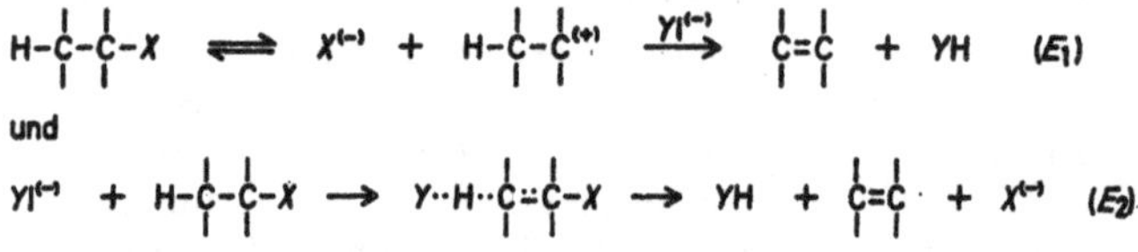

werden im allgemeinen H/D-Isotopieeffekte von $3 \cdots 8$ beobachtet, so daß eine Bindungsspaltung im geschwindigkeitsbestimmenden Schritt bestätigt ist. So verläuft beispielsweise die Bildung von Styrol aus $C_6H_5-CD_2-CH_2Br$ in tert.-Butylat bei 30 °C mit $k_H/k_D = 7{,}9$. SIMON studierte die Tritium-Isotopieeffekte beim HOFMANN-Abbau von Aminen und fand in Abhängigkeit vom Substituenten bei 60 °C Werte zwischen 2,8 und 14.

*Additionsreaktionen*

Für Additionen an Kohlenstoff-Kohlenstoff-Mehrfachbindungen

kommen als wasserstoffhaltige Reagenzien hauptsächlich Wasser, molekularer Wasserstoff und Säuren in Frage. Auch einige Polymerisationen olefinischer Verbindungen sind dazu zu zählen.

Die bei Wasser- und Säure-Additionen beobachteten H/D-Isotopieeffekte bis zu 5 und H/T-Isotopieeffekte um 7 werden im allgemeinen zu den Lösungsmittel-Isotopieeffekten gerechnet (S. 139).

Die bei katalytischen Hydrierungen gemessenen Isotopieeffekte sind verhältnismäßig klein. Das ist zum Teil auf den gleichzeitig erfolgenden Wasserstoffisotopenaustausch zurückzuführen. Es sind auch Beispiele für inverse Isotopieeffekte bekannt, so ist für die Ni-katalysierte Benzolhydrierung $\frac{C_6H_6 + 3H_2}{C_6D_6 + 3D_2} = 0{,}29$ [49].

*Oxydationen*

Bei der ionischen Oxydation treten unabhängig vom Oxydationsmittel verhältnismäßig große H/D-Isotopieeffekte von 3 ··· 10, in Einzelfällen bis zu 18 auf. Der im folgenden für die Oxydation durch Chromsäure angegebene Mechanismus mit einer geschwindigkeitsbestimmenden C—H-Bindungsspaltung trifft im Prinzip auch für die anderen Oxydationsmittel zu, bei denen Isotopieeffekte festgestellt wurden, z. B. Brom, Jod, Permanganat, Selendioxid, Dichlorcyanochinon und die Metallionen $Co^{3+}$, $Ce^{4+}$, $V^{5+}$:

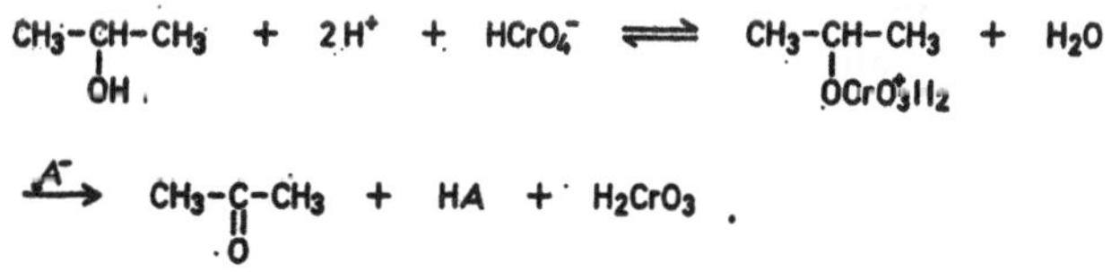

Die Chromsäure-Oxydation von $CH_3—CD(OH)—CH_3$ verläuft bei 25 °C mit $k_H/k_D = 7{,}0$. Leichter oxydierbare Alkohole (mit Elektronendonatorgruppen) ergeben kleinere und schwerer oxydierbare Alkohole größere Isotopieeffekte. Ähnliche Zusammenhänge bestehen auch für die Oxydation durch Permanganat. Für die Oxydation von Kohlenwasserstoffen, Aldehyden, Ketonen, Carbonsäuren, Estern und Aminen sind ebenfalls Isotopieeffekte, aber weniger systematische Untersuchungen bekannt.

*Umlagerungen*

Für die *Isomerisierung* der partiell deuterierten cis-Pentadiene(1,3) durch 1,5-Wasserstoffverschiebung

und

ermittelten ROTH und KÖNIG [35] aus NMR-Messungen $k_H/k_D = 12{,}2$ (auf 25 °C umgerechnet, vergl. S. 117) und erklärten den großen Zahlenwert mit einem hohen Maß an Symmetrie im Übergangszustand (vergl. S. 119).

Die H/D-Isotopieeffekte für optische Isomerisierungen von Säuren liegen in der Gegend von 6, für katalytische Isomerisierungen von Alkylhalogeniden bei 3.

Eine *intermediäre Umlagerung* wurde indirekt dadurch bemerkt, daß bei der Nitrierung von 2,4,6-Tri-tert.-butylnitrobenzol-[3,5-$D_2$] ein Produkt-Isotopieeffekt von 2,5 ··· 3,1 auftrat, obwohl aromatische Nitrierungen sonst keinen Wasserstoff-Isotopieeffekt zeigen (S. 101). Durch die starke sterische Hinderung der Nitrierung wird der Protonenübergang von einem Cyclohexadienylkation geschwindigkeitsbestimmend für die Gesamtreaktion [33].

Auch die *Enolisierung* tritt als intermediärer Schritt

geschwindigkeitsbestimmend in Erscheinung

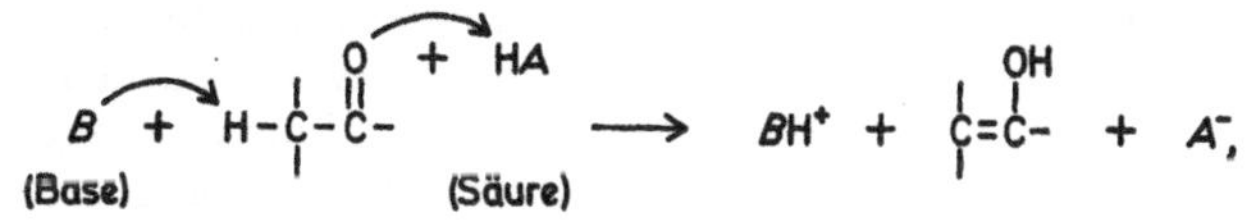


so bei der Halogenierung von aliphatischen Ketonen und Nitroverbindungen und bei zahlreichen anderen Reaktionen (Acetylierungen). Die bei derartigen Reaktionen gemessenen H/D-Isotopieeffekte liegen in Übereinstimmung mit den bei isolierten Enolisierungen gefundenen Werten zwischen 5 und 10.

Die damit verwandte *Racemisierung* optisch aktiver Verbindungen ist ebenfalls mit Isotopieeffekten dieser Größe behaftet. Die Isotopieeffekte zahlreicher Umlagerungen in wäßrigen Lösungen, bei denen eine funktionelle NH-, OH-, SH- oder für den Isotopenaustausch aktivierte CH-Bindung den Einsatz eines Lösungsmittels der gleichen isotopen Zusammensetzung erfordert, sind ähnlich den Hydratationen zu den Lösungsmittel-Isotopieeffekten zu rechnen (S. 139).

*Weitere ionische Reaktionen*

Bei verschiedenen organisch-chemischen Reaktionstypen werden Wasserstoffbindungen nicht gespalten oder neu geknüpft, sondern nur „indirekt" beansprucht. Die dabei möglichen sekundären Isotopieeffekte werden im Abschnitt 6.4. besprochen. Andere Reaktionen, wie Hydrolysen oder Reaktionen an Aminogruppen-Wasserstoffen werden zur Untersuchung von Isotopieeffekten in isotopen Lösungsmitteln durchgeführt. Diese Effekte sind zu den Lösungsmittel-Isotopieeffekten zu zählen (Abschnitt 6.5.). Auch die Isotopieeffekte der ionischen Reaktionen in der anorganischen Chemie werden hauptsächlich vom isotopen Lösungsmittel verursacht.

Die übrigen nichterwähnten ionischen Reaktionen sind noch nicht oder nur vereinzelt mit Deuterium- oder Tritium-markierten Reaktionspartnern durchgeführt worden. So wurden für die *Decarboxylierung* als einem Beispiel für Isotopieeffekte bei O—D-Bindungsspaltungen $k_H/k_D$-Werte $\leq 3$ gemessen, die noch keine allgemeingültige Aussage über den Mechanismus zulassen.

Der — von Hydrierungen abgesehen — bisher einzige inverse primäre Wasserstoff-Isotopieeffekt wurde bei der Decarboxylierung von $CH_3-C_6H_4-CO-CH_2COOD$ gemessen ($k_H/k_D = 0{,}85$, vergl. S. 91), während die gleiche Reaktion bei anderen Substituenten am Benzolring $k_H/k_D$-Werte $\gtrsim 1$ ergibt [44].

Wenn bei *Reaktionen an Elektroden* ein geschwindigkeitsbestimmender Wasserstoffübergang beteiligt ist, treten elektrochemische H/D- oder H/T-Isotopieeffekte auf. Dies ist bei verschiedenen elektrochemischen Reduktionen und Oxydationen organischer Moleküle und bei der kathodischen Wasserstoffentwicklung aus wäßrigen Lösungen der Fall. Für die zuletzt genannte Reaktion liegen die Isotopieeffekte bei $2 \cdots 3$, wenn Quecksilber oder andere nicht katalysierende Metalle als Elektrodenmaterial dienen, während die Übergangsmetalle deutlich höhere Werte ($6 \cdots 7$) ergeben. Es handelt sich dabei um Brutto-Isotopieeffekte, an denen u. a. auch Lösungsmittel-Isotopieeffekte beteiligt sind. Der Isotopieeffekt der Wasserelektrolyse besitzt technisches Interesse zur Trennung der Wasserstoffisotope (S. 166).

### *Isotopenaustausch*

Isotopenaustausch-Vorgänge, die unabhängig von weiteren Änderungen im System, d. h., ohne gleichzeitige chemische Reaktionen oder Änderungen in der Phasenzusammensetzung verlaufen, bieten ein besonders übersichtliches Studienobjekt für die Isotopenchemie (vergl.

Abschnitt 5.3.2,). Mit meßbarer Geschwindigkeit verlaufende Isotopenaustausch-Vorgänge sind mit einem Isotopieeffekt behaftet, der zu den reaktionskinetischen Effekten zu rechnen ist. Seine Messung erfolgt entweder durch den Vergleich dreier Isotope eines Elements

$$A\text{—H} + B\text{—T} \underset{k_{-\mathrm{H}}}{\overset{k_{\mathrm{H}}}{\rightleftharpoons}} A\text{—T} + B\text{—H}$$

$$A\text{—D} + B\text{—T} \underset{k_{-\mathrm{D}}}{\overset{k_{\mathrm{D}}}{\rightleftharpoons}} A\text{—T} + B\text{—D}$$

oder durch Geschwindigkeitsvergleich eines Isotopenaustauschvorgangs mit einer vergleichbaren chemischen Reaktion (Bromierung).

STREITWIESER und Mitarb. fanden für den Isotopenaustausch von Toluol und Äthylbenzol mit Cyclohexylamin/Lithiumcyclohexylamid $k_{\mathrm{D}}/k_{\mathrm{T}} = 2{,}9$, nach Umrechnung mit der Formel von SWAIN $k_{\mathrm{H}}/k_{\mathrm{D}} = 12$. Dieser Wert gehört zu den größten für eine ionische C—H-Bindungsspaltung bekannten Isotopieeffekten, wenn man die unter gewissen Voraussetzungen erzwungene Erhöhung der Werte durch Tunneleffekte (S. 123) unberücksichtigt läßt.

### *6.3.1.2. Radikalische Reaktionen*

Im Gegensatz zu ionischen Reaktionen, die im allgemeinen nur einen geschwindigkeitsbestimmenden Schritt aufweisen, muß man bei Radikalreaktionen mit Reaktionsketten rechnen, in deren Verlauf mehrere Anteile geschwindigkeitsbestimmend werden. Demzufolge sind auch die an einer vollständig abgelaufenen Radikalreaktion gemessenen Isotopieeffekte in der Regel aus mehreren Anteilen zusammengesetzt.

*Autoxydationen*

Der bekannte Kettenmechanismus der Autoxydation

$$RH \xrightarrow{k(1)} R\cdot + H\cdot$$

$$R\cdot + O_2 \xrightarrow{k(2)} RO_2\cdot$$

$$RO_2\cdot + RH \xrightarrow{k(3)} RO_2H + R\cdot$$

$$2\,RO_2\cdot \xrightarrow{k(6)} RO_2R + O_2$$

führt zu einer Akkumulation von Isotopieeffekten. Experimentell ermittelte Brutto-Isotopieeffekte bei Autoxydationen erreichen Werte, die um eine Größenordnung höher liegen als die Isotopieeffekte bei ionischen Reaktionen. Andererseits sind auch bei diesem Reaktionstyp sehr kleine Isotopieeffekte bekannt.

Eine häufig untersuchte Verbindung ist Cumol, das praktisch nur am tertiären $\alpha$-Wasserstoffatom vom Sauerstoff angegriffen wird. Cumol-[$\alpha$-D] ($C_6H_5{-}CD(CH_3)_2$ mit 97 Atom-% D) ergab bei 65 °C den Brutto-Isotopieeffekt 76 (ermittelt als Verhältnis der maximalen $O_2$-Aufnahme-Geschwindigkeit) [37].

Eine plausible Erklärung für das Zustandekommen der großen Bruttoeffekte erhält man, wenn man die Geschwindigkeitsgesetze für beide isotope Moleküle ins Verhältnis setzt:

$$RG = -\frac{d\,O_2}{dt} = \frac{k_3 \cdot \sqrt{k_1}\,[RH]\,[ROOH]}{\sqrt{k_6}}$$

$$IE = \frac{(RG)_H}{(RG)_D} = \frac{(k_3)_H\,(\sqrt{k_1})_H\,(\sqrt{k_6})_D\,[RH]\,[ROOH]_H}{(k_3)_D\,(\sqrt{k_1})_D\,(\sqrt{k_6})_H\,[RD]\,[ROOD]_D}.$$

Geht man von gleichen Konzentrationen der isotopen Ausgangssubstanzen aus, so verbleiben die Anteile für $k_3$, $\sqrt{k_1}$ und [*R*OOH] mit eigenen Beiträgen $> 1$ zum Gesamteffekt, die zu multiplizieren sind. Lediglich der Anteil des Kettenabbruchs kann einen Isotopieeffekt $< 1$ (bei Methylen- und Methylgruppen-Radikalen) oder $= 1$ (bei tertiären Radikalen) beitragen. Demzufolge sollten die Brutto-Isotopieeffekte bei der Autoxydation an $CD_2$- oder $CD_3$-Gruppen kleiner sein als an CD-Gruppen. Dies bestätigen auch die Experimente.

Isoliert man durch bestimmte experimentelle Hilfsmittel den Isotopieeffekt des Kettenfortpflanzungsschrittes $k_3$, so erhält man für Cumol-[$\alpha$-D] mit 97 Atom-% D bei 65 °C $(k_3)_H/(k_3)_D = 11{,}8$ [37]. Richtungweisende Arbeiten über Isotopieeffekte an absoluten Geschwindigkeitskonstanten führten Howard und Ingold durch [27].

Die dem Cumol strukturell eng verwandte Verbindung Phenylcyclohexan

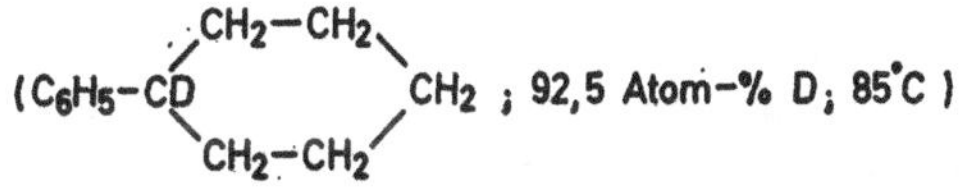


ergab den sehr kleinen Brutto-Isotopieeffekt 1,15. Während einerseits auch hier der Kettenmechanismus für die Kumulierung des Isotopieeffektes sorgt, wirken offenbar andere Einflüsse stärker in der Gegenrichtung: Durch die größere Reaktivität des Phenylcyclohexyl-Radikals stellt man sich die Symmetrie des Übergangszustands verglichen zum Cumol als stark verringert vor (S. 119).

Liegen in einem Molekül mehrere autoxydable Gruppen vor, deren Aktivierungsenergien sich nicht wie beim Cumol um Größenordnungen unterscheiden, so erhält man durch partielle isotope Substitution Hinweise auf die relativen Reaktivitäten dieser Gruppen. Die gemessenen Brutto-Isotopieeffekte sind dabei Mittelwerte aus der maximalen Oxydationsgeschwindigkeit an den deuterierten Gruppen (mit Isotopieeffekt) und an den nichtdeuterierten Gruppen (ohne Isotopieeffekt). Das zeigt sich am Beispiel der Autoxydation von Benzyläthern bei 70 °C [30]:

| | Brutto-Isotopieeffekt |
|---|---|
| $C_6H_5{-}CD_2{-}O{-}C(CH_3)_3$ | 20,5 |
| $C_6H_5{-}CD_2{-}O{-}CD_2{-}CH_2{-}CH_2{-}CH_3$ | 11,9 |
| $C_6H_5{-}CD_2{-}O{-}CH_2{-}CH_2{-}CH_2{-}CH_3$ | 5,5 |

Durch (undeuterierte) Oxydationsinhibitoren ($IH$) oder Katalysatoren kann die Größe des Isotopieeffektes beeinflußt werden. Dies kann als Folge einer erzwungenen Änderung des Reaktionsmechanismus verstanden werden [37].

Der Einfluß *deuterierter* Oxydationsinhibitoren ($ID$) ist gut bekannt. Nachdem man anfänglich keinen Isotopieeffekt zu finden glaubte (das Deuterium in den funktionellen Gruppen hatte durch experimentelle Unzulänglichkeit mit dem Protium des Reaktionswassers ausgetauscht), fand man später Werte bis zu 15 für die Abspaltung des Wasserstoffatoms am Inhibitor durch das Peroxiradikal der oxydierten Substanz ($k_7$).

$$RO_2\cdot + IH \xrightarrow{(k_7)_H} RO_2H + I\cdot$$

$$RO_2\cdot + ID \xrightarrow{(k_7)_D} RO_2D + I\cdot$$

Die Aktivität deuterierter Inhibitoren ist demzufolge beträchtlich geringer als die der undeuterierten [27].

*Durch energiereiche Strahlung ausgelöste Radikalreaktionen. Radiolysen und Photolysen*

Kosmische Ultrastrahlung, Kernstrahlung, Elektronen- und Röntgenstrahlung, aber auch UV-Strahlen kurzer

Wellenlänge (z. B. Xenon-Resonanzstrahlung) und mittlerer Wellenlänge (z. B. Hg-Photosensibilisierung) lösen in organischen Verbindungen Radikalreaktionen aus, die zumeist mit einer Wasserstoffentwicklung verbunden sind. Da diese Wasserstoffentwicklung im allgemeinen das Ergebnis verschiedener gleichzeitig und nacheinander ablaufender Reaktionen ist, stellt auch ein dafür ermittelter Isotopieeffekt das Resultat mehrerer Einzelschritt-Isotopieeffekte, also einen komplexen Isotopieeffekt dar. Diese *Brutto-Isotopieeffekte* liegen zumeist in der Gegend von 1,5 ··· 3,0. Der verhältnismäßig enge Wertebereich gilt für ein recht heterogenes Feld von Reaktionstypen (z. B. Seitenkettenchlorierung von Alkylaromaten im Hg-UV-Licht und Zersetzung von Kohlenwasserstoffen durch $^{60}$Co-$\gamma$- oder MeV-Elektronen-Bestrahlung). Auffällig ist weiterhin der niedrige Zahlenwert der Isotopieeffekte, der einen Vergleich mit Hochtemperaturreaktionen zuzulassen scheint: Der durch die ionisierende Strahlung zugeführte hohe Energiebetrag kann mit der hohen Wärmeenergie bei hohen Temperaturen verglichen werden.

In günstig gelagerten Fällen lassen sich diese Brutto-Isotopieeffekte aufgliedern [19]:

1. Isotopieeffekte in der *Anregung* (Ionisierung).

Sie sind sehr klein und spiegeln lediglich die geringe Störung der Elektronenübergangswahrscheinlichkeiten durch unsymmetrische Schwingungsanteile wider.

2. Isotopieeffekte in den relativen *Dissoziationswahrscheinlichkeiten* und *Dissoziationsgeschwindigkeiten* der angeregten Moleküle und Ionen.

Dazu gehört z. B. die Erzeugung atomaren Wasserstoffs aus Molekülionen im Massenspektrometer. Für ungesättigte Kohlenwasserstoffe liegt dabei $k_H/k_D$ bei 1,8 ··· 1,9 und für gesättigte und aromatische bei 2,5 ··· 3, bei kleinen Ionisierungsspannungen bis 7,8.

Auch die direkte Bildung von molekularem Wasserstoff und anderen stabilen Molekülen ist möglich. So entsteht bei der UV-Photolyse von $C_2H_5$ und $C_2D_5$ $H_2$ und $D_2$ mit dem Produkt-Isotopieeffekt 1,5.

3. Isotopieeffekte in den *bimolekularen Reaktionen der angeregten Moleküle* untereinander oder mit nicht angeregten Molekülen.

4. Isotopieeffekte in den *Sekundärreaktionen heißer* H-, D- *und* T-*Atome* sowie heißer organischer Moleküle.

Für das Geschwindigkeitsverhältnis $(H + H_2)/(D + H_2)$ ist $k_H/k_D = 1{,}12$. Diese Wasserstoffreaktionen besitzen großes theoretisches Interesse. Für die Wasserstoffabspaltung aus $CD_3OH$ und $CD_3COONa$ durch radiolytisch erzeugten Wasserstoff wurden sehr große Isotopieeffekte gemessen ($\sim$ 20). Zu den Sekundärreaktionen organischer Radikale gehört die Absättigung des photolytisch aus Azomethan oder Aceton gebildeten $CH_3\cdot$-Radikals durch Wasserstoff aus den verschiedensten Bindungsbeziehungen ($k_H/k_D = 1{,}3 \cdots 7{,}0$).

Besonders eingehend wurde die *γ-Radiolyse des $D_2O$* studiert. Die dabei gemessenen Isotopieeffekte in der Gasphase, flüssigen Phase und festen Phase unterscheiden sich um 2 Größenordnungen. Demzufolge sind unterschiedliche Mechanismen wirksam. Außerdem sind die in der Literatur angeführten Werte unterschiedlich definiert und nicht direkt vergleichbar. Für die Bildung der Primärprodukte in der flüssigen Phase beträgt der Isotopieeffekt in Abhängigkeit von Temperatur, pH-Wert sowie Art und Konzentration von Fremdstoffzusätzen $2 \cdots 5{,}4$. In der Gasphase sind die Werte kleiner ($\sim$1,2) und in der festen Phase sehr viel größer als im flüssigen Wasser. Für die feste Phase wird zur Erklärung der großen Isotopieeffekte (z. B. 69 bei 77 °K und 99,8 Atom-% D) eine selektive Energieabsorption herangezogen, d. h., eine von der Boltzmannschen Energieverteilung abweichende Kinetik (s. u.).

*Weitere Radikalreaktionen*

Die auch als Zwischenstufe bei Kettenreaktionen der Autoxydation und der Radiolyse auftretende *Wasserstoffabspaltung* durch freie Radikale wird häufig isoliert untersucht, um aus experimentell ermittelten Isotopieeffekten Hinweise auf relative Reaktivitäten zu erhalten. Die Radikale entstehen aus Azoverbindungen oder Peroxiden durch thermische Spaltung.

Die *thermische Spaltung* von Kohlenwasserstoffen und anderen organischen Verbindungen führt nur in Einzelfällen zu primären Wasserstoff-Isotopieeffekten (z. B. für die katalytische Zersetzung deuterierter und tritierter Ameisensäure).

Für einige *Reaktionen anorganischer Wasserstoffverbindungen* sind Isotopieeffekte zwischen 1,1 und 10 bekannt, beispielsweise für die thermische Zersetzung von $ND_3$ (1,6), $PD_3$ (1,1), DJ (1,6) und $D_2O_2$ (5), sowie für die Knallgasreaktion (2,31) und die Chlorwasserstoffbildung aus den Elementen (9,8).

### *6.3.1.3. Nicht*-BOLTZMANNsche *Systeme*

Bei Reaktionen mit energiereichen Atomen kommt es mitunter nicht — wie bei fast allen vorstehenden Reaktionstypen vorausgesetzt wird — zur Einstellung des thermischen Gleichgewichts mit der Umgebung. Solche Systeme ohne BOLTZMANNsche Energieverteilung und mit großen lokalen Energieüberschüssen sind von zunehmendem allgemeinem Interesse. Es sind einige Isotopieeffekt-Messungen für Reaktionen heißer Atome bekannt, z. B. für die Reaktion

$$T + CH_4 \rightarrow CH_3T + H$$

$$T + CD_4 \rightarrow CD_3T + D,$$

für deren Primärstufe („Replacement") relativ kleine $k_H/k_D$-Werte $\sim$ 1,25 gefunden wurden.

Rowland bezeichnete Isotopieeffekte bei Tritium-Rückstoßreaktionen, die durch Unterschiede im durchschnittlichen Energieverlust pro reaktionslosem Stoß entstehen, als *Moderator-Isotopieeffekte*. Die Bruttoeffekte auf Grund der Abhängigkeit des Energiebereichs, über den die Substitutionsreaktion verläuft, und der Reaktionswahrscheinlichkeit pro Stoß von der Isotopensubstitution nannte Rowland Isotopieeffekte der integralen Reaktionswahrscheinlichkeit (*Probability integral isotope effects*) [36].

Für andere Reaktionen wurden sehr große Brutto-Isotopieeffekte gemessen, wie z. B. für die $\gamma$-Radiolyse von Eis (69 bei 77 °K) oder für die Reaktion von $HD^+$ mit Edelgasen. Bei der letzten Reaktion wird ein Übergang vom Polarisations-Mechanismus zum Abstreif-(stripping) Mechanismus demonstriert, wodurch im Prinzip unendlich große Isotopieeffekte möglich werden: Bei 84 eV wird die kritische Energie für die Dissoziation von $ArD^+$ erreicht, für die Dissoziation von $ArH^+$ aber erst bei 164 eV, so daß sich im Bereich 84 ··· 164 eV ausschließlich $ArH^+$ bilden sollte [24].

### 6.3.2. *Einflüsse verschiedener Parameter auf die Größe des reaktionskinetischen primären Wasserstoff-Isotopieeffektes*

Die Gegenüberstellung der Isotopieeffekte bei verschiedenen Reaktionstypen (Abschnitt 6.3.1.) hat gezeigt, daß kein einfacher Zusammenhang zwischen der Größe des Isotopieeffektes und dem Reaktionstyp besteht. Selbst die Art des Wasserstoffübergangs — als H·, $H^+$ oder $H^-$ — spiegelt sich nicht in der Größe des Isotopieeffektes wider. Auch die Regel, daß ein gemessener Isotopieeffekt $> 1$ gleichbedeutend mit einer Bindungsspaltung oder -knüpfung des betrachteten Isotops ist, hat keine allgemeine Gültigkeit: Unterschiede in der Reaktionsgeschwindigkeit von $k_H/k_D < 3$ können bei bestimmten Reaktionen von sekundären Isotopieeffekten herrühren (S. 130). Andererseits können die für eine Bindungsspaltung erwarteten Isotopieeffekte bei gewissen Reaktionstypen durch Isotopieeffekte in vorgelagerten Gleichgewichten oder in Parallelreaktionen so weit erniedrigt werden, daß als experimentell meßbarer Wert kein Isotopieeffekt oder sogar ein inverser Effekt verbleibt, z. B. bei Lösungsmittel-Isotopieeffekten (S. 144).

Gleichzeitig mit diesen Einflüssen des Reaktionsverlaufs auf die Größe des Isotopieeffektes wirken noch weitere Parameter auf den experimentellen $k_H/k_D$- und $k_H/k_T$-Wert ein, wie im folgenden angedeutet werden soll (vergl. auch S. 30).

### 6.3.2.1. *Temperatur*

Die Temperaturabhängigkeit der Reaktionsgeschwindigkeitskonstante wird durch die ARRHENIUSsche Gleichung angegeben:

$$k = A \cdot e^{-\frac{E_A}{RT}}$$

(A = Stoßfaktor — Entropieglied —; $E_A$ — Aktivierungsenergie).

Daraus ergibt sich für die Temperaturabhängigkeit des Isotopieeffektes

$$\frac{k_H}{k_D} = \frac{A_H}{A_D} \cdot e^{-\frac{\Delta E_A}{RT}}.$$

Die Größe des Isotopieeffektes ist der absoluten Temperatur umgekehrt proportional. Der starke Einfluß der Temperatur geht aus der Abb. 16 hervor.

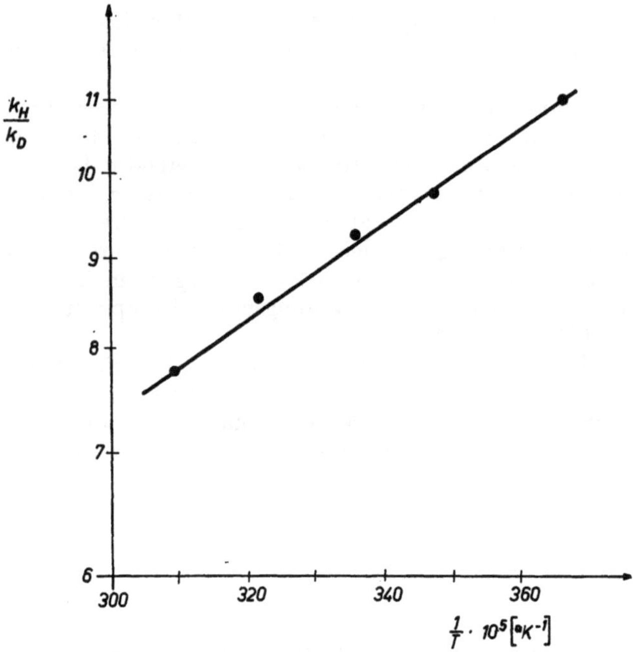


Abb. 16: Temperaturabhängigkeit des primären reaktionskinetischen Wasserstoff-Deuterium-Isotopieeffektes.

Beim Vergleich der Isotopieeffekte verschiedener Reaktionen muß demzufolge auf identische Temperaturen geachtet werden. Mit Hilfe der ARRHENIUSschen Gleichung kann auf eine gemeinsame Vergleichstemperatur umgerechnet werden, wenn die unterschiedliche Reaktionsfähigkeit der Partner kein Arbeiten bei den gleichen Temperaturen zuläßt.

In jüngerer Zeit wird häufig anstelle eines Zahlenwertes des Isotopieeffektes die Temperaturbeziehung zusammen mit dem Temperaturbereich, für den sie gültig ist, angegeben. Sie lautet z. B. für die in der Abb. 16

dargestellte Gerade

$$\frac{k_H}{k_D} = 1{,}2 \cdot e^{-\frac{(1204 \pm 74)}{RT}}$$

(0.00 ··· 50.00 °C). (Die der Abbildung und der Formel zugrundeliegenden Meßwerte für die Isotopieeffekte wurden einer Arbeit von Bell und Onwood [16] über die Permanganat-Oxydation von $DCOO^-$-Ionen entnommen.)

Spindel, Stern, Monse und Yankwich [41] weisen auf zahlreiche „Anomalien“ in der Temperaturabhängigkeit der thermodynamischen (Isotopenaustauschgleichgewichte) und reaktionskinetischen Isotopieeffekte hin. Derartige Arrhenius-Kurven mit Maxima, Minima und Wendepunkten sind theoretisch aus Kombinationen von Kraftkonstanten-Änderungen zu erklären bzw. zu erwarten.

Für die thermische Zersetzung und andere Gasphasenreaktionen (z. B. Isomerisierungen) besteht eine *Druckabhängigkeit* des Wasserstoffisotopieeffektes in dem Sinne, daß der Isotopieeffekt mit sinkendem Druck abnimmt (erklärbar aus der Temperaturabhängigkeit über $p \cdot V = R \cdot T$).

### *6.3.2.2. Symmetrie des Übergangszustandes*

Bei der Besprechung der Isotopieeffekte einzelner Reaktionstypen (Abschnitt 6.3.1.) klangen in einigen wenigen Fällen Regeln an, die Hinweise auf eine Abhängigkeit der Größe des experimentellen Wertes von der Struktur des Substrats oder des Reagenses geben könnten. Die erste und für lange Zeit einzige dieser Regeln war die von Wiberg [11] zitierte sog. *Aktivierungsenergie-Regel*:

„In einer Reihe gleichartiger Reaktionen erhöht sich der Isotopieeffekt oftmals mit ansteigender Aktivierungsenergie.“

Für verschiedene Radikalreaktionen wurde tatsächlich eine Zunahme des Isotopieeffektes mit sinkender Reaktivität der Radikale bzw. mit abnehmender Reaktionsgeschwindigkeit bestätigt. Es sind aber auch Ausnahmen bekannt.

Für Protonenübergangsreaktionen wurde ein Anstieg des Isotopieeffektes bei einigen Reaktionsreihen mit ansteigender, bei anderen mit absinkender Basenstärke eines Partners gefunden. Als charakteristische Konstante diente entweder der $pK$-Wert oder die $\sigma$-Substituenten-Konstante der Hammett-Funktion oder der $\beta$-Exponent der Brönsted-Gleichung. Bell zeigte nun kürzlich, daß diese Befunde einander nicht widersprechen, sondern daß ein Maximum des Isotopieeffektes auftritt, wenn sich die Basenstärke des Protonendonators (Ausgangsverbindung) und des Protonenakzeptors (Reaktionsprodukt) die Waage halten. Zur Charakterisierung dieser Abhängigkeit sind experimentelle Ergebnisse verschiedener Autoren in der Abb. 17 zusammengefaßt worden. Der besonders große Isotopieeffekt in der Nähe von $\Delta pK = 0$ wird durch die sterisch gehinderte Base 2,6-Lutidin hervorgerufen (vergl. S. 123). Die Größe des Isotopieeffektes ist dann letzten Endes eine Funktion des Grades, zu dem das Proton im Übergangszustand von der Ausgangsverbindung zum Reaktionsprodukt übergewechselt ist — bezogen auf kovalente Bindungsbeziehungen —. Nur in der Nähe des Maximums der Kurve in der Abb. 17 ist die von Westheimer [9] geforderte symmetrische Lage des Protons zwischen Donator und Akzeptor im Übergangszustand gegeben:

$$[\mathrm{A} \cdots \mathrm{H} \cdots B]^{\pm}$$

(vergl. S. 38). Auch die Aktivierungsenergie-Regel wurde später von Wiberg und Motell dahingehend modifiziert, daß Änderungen der Aktivierungsenergie innerhalb einer Reihe von Reaktionen nur dann auf die Größe des Isotopieeffektes einwirken, wenn die Faktoren, die $E_A$

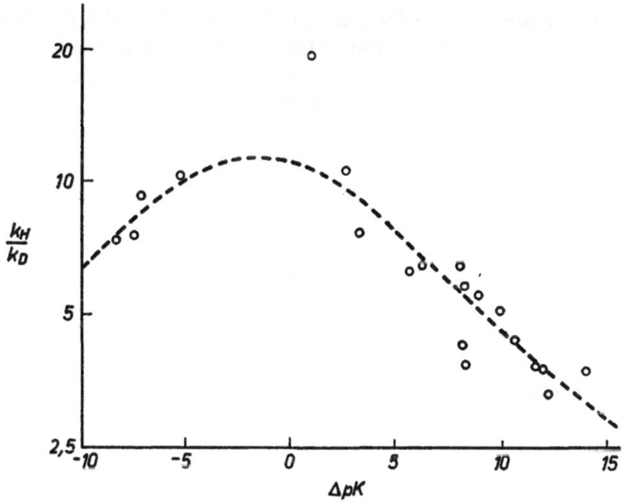


Abb. 17: Primärer reaktionskinetischer Wasserstoff-Deuterium-Isotopieeffekt für die Ionisierung von C—H-Bindungen in wäßriger Lösung bei 25 °C in Abhängigkeit von $\Delta p_K$ [15].

beeinflussen, zugleich auch die Symmetrie des Übergangszustands beeinflussen [47].

Die Allgemeingültigkeit dieser plausibel erscheinenden Deutung ist jedoch umstritten, da z. B. für Protonenübergänge zu Halogenid-Ionen Abweichungen gefunden wurden und theoretische Betrachtungen auch hohe Isotopieeffekte bei unsymmetrischen Übergangszuständen zulassen. Auch wurden anstelle des diesen Betrachtungen zugrundeliegenden linearen 3-Zentren-Modells 4- und 5-Zentren-Modelle für den Übergangszustand vorgeschlagen und berechnet, um Tunneleffekte und Deformationsschwingungen besser zu berücksichtigen.

Kresge und Mitarb. zeigten nun kürzlich am Beispiel der Hydrolyse von 14 Vinyläthern [29], daß innerhalb eines Reaktionstyps zwischen der Größe des Isotopieeffektes und der *Reaktivität* eine Beziehung besteht, die den Anschluß an den in der Abb. 17 charakterisierten Zusammenhang mit der Symmetrie des Übergangszustands herstellt. Das Maximum der Kurve in der Abb. 18 entspricht dem Übergangszustand mit der größten Symmetrie. Die leeren Kreise stehen für verschiedene Vinyläther-Hydrolysen und die leeren Dreiecke für den damit eng verwandten Protonenübergang zum $\alpha$-Kohlenstoffatom von Enolat-Ionen. Die schwarzen Kreise charakterisieren die Isotopieeffekte anderer geschwindigkeitsbestimmender Protonenübergänge, die weniger eng miteinander verwandt sind (z. B. Protonenaddition an eine Doppelbindung, die nicht durch ein Sauerstoffatom, sondern durch ein anderes Heteroatom aktiviert ist). Aus

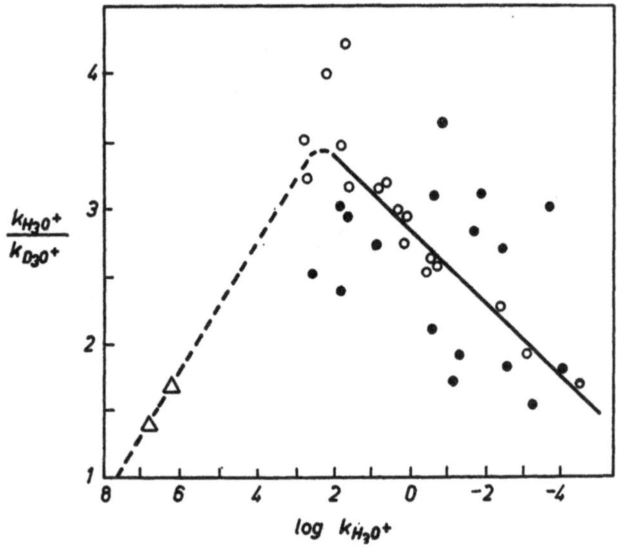


Abb. 18: Zusammenhang zwischen Reaktionsgeschwindigkeitskonstante $k$ und Größe des Isotopieeffektes für den geschwindigkeitsbestimmenden Protonenübergang bei der Hydrolyse von Vinyläthern (○) und anderen Verbindungen (Δ, ●); $T$ = 25 °C [29].

Mangel an genügend experimentellen Daten ist diese Beziehung ebenfalls noch nicht verallgemeinerungsfähig.

### *6.3.2.3. Tunneleffekte*

Die Wahrscheinlichkeit für ein quantenmechanisches Durchdringen der Energiepotential-Schwelle ist für $H^+$ um den Faktor $10^4$ größer als für $D^+$. Diese unter bestimmten experimentellen Voraussetzungen mögliche Abweichung von der durch das klassisch-mechanische Nullpunktsenergie-Modell (Abb. 3) charakterisierten Kinetik kann naturgemäß zu einer starken Erhöhung des Deuterium- oder Tritium-Isotopieeffektes führen (Bell). Einen Hinweis auf mögliche Tunneleffekte erhält man durch die Arrheniussche Gleichung aus der Nichtlinearität der Kurve im niedrigen Temperaturbereich, aus starken Abweichungen des Quotienten der präexponentiellen Faktoren $A_H/A_D$ von 1 und aus einem großen $\Delta E_A$ (z. B. 3 Kcal.). Das Tunneln wird durch sterische Hinderung begünstigt; denn dann wird ein Teil der Gesamtenergie für die Annäherung der Reaktionspartner benötigt, und die entstehenden schmalen, hohen Energieprofile begünstigen das Tunneln. In vielen Fällen wurde eine Zunahme des Isotopieeffektes mit zunehmender sterischer Hinderung experimentell bestätigt. Sterische Hinderung begünstigt allerdings nicht nur das Tunneln, sondern führt auch zu größeren Nullpunktsenergie-Differenzen.

Experimentell sollte das Tunneln zu beeinflussen sein durch die Art der Atome, zwischen denen der Wasserstoff übergeht, die Ladungen dieser Atome, die Größe und Struktur der mit diesen Atomen verknüpften Molekülreste und die Temperatur. Ebenso wie das klassische Überwinden der Energieschwelle läßt auch das Tunneln bei einem symmetrischen Übergangszustand und bei tiefer

Temperatur und kleiner Reaktionsgeschwindigkeit die größten Isotopieeffekte erwarten.

Als Probe auf vorhandenes Tunneln kann das Befolgen der Gleichung $k_H/k_T = k_H/k_D)^{1,442}$ (S. 100) dienen, die kein Tunneln vorsieht. LEWIS und ROBINSON verglichen kürzlich die in der Tab. 16 angeführten experimentellen Deuterium- und Tritium-Isotopieeffekte mit den nach der Umrechnungsgleichung erwarteten Tritium-Isotopieeffekten.

Tabelle 16: *Vergleich experimenteller Deuterium- und Tritium-Isotopieeffekte mit den nach der Gleichung $k_H/k_T = (k_H/k_D)^{1,442}$ erwarteten Werten [31]*

| Reaktion | $\left(\frac{k_H}{k_D}\right)_{exp}$ | $\left(\frac{k_H}{k_T}\right)_{exp}$ | $\left(\frac{k_H}{k_T}\right)_{ber}$ |
|---|---|---|---|
| 1. Oxydation von 1-Phenyl-2,2,2-trifluoräthanol durch Permanganat (25 °C) | 16 | 57,1 | 55,5 |
| 2. Protonenübergang von 2-Nitropropan zu 2,4,6-Trimethylpyridin (25 °C) | 23 | 79,1 | 82,9 |
| 3. Oxydation von Leuco-Kristallviolett durch Chloranil (35,5 °C) | 9,9<br>$\frac{A_H}{A_D} = 0,04$ | 20,4 | 27,3 |

Sie schlossen daraus, daß bei den Reaktionen 1 und 2 ein Tunnelbeitrag zum Isotopieeffekt nicht besteht, bei Reaktion 3 aber sehr wahrscheinlich ist. Dafür spricht auch der sehr kleine $A_H/A_D$-Wert.

Für die theoretische Berücksichtigung des Tunnelbeitrags wurden verschiedene Modelle entwickelt (z. B. BELL-Barriere, asymmetrische ECKART-Barriere, JOHNSTON-RAPP-Korrektion) auf die hier nicht eingegangen werden kann.

Der Einfluß des quantenmechanischen Tunnelns auf die Größe des Isotopieeffektes ist allgemein offenbar kleiner als früher angenommen wurde.

#### *6.3.2.4. Relative Isotopenhäufigkeit*

Werden Wasserstoff/Deuterium-Isotopieeffekte durch Absolutmessungen der Reaktionsgeschwindigkeitskonstanten an zwei isotopen Reaktionssystemen ermittelt, so ist der Zahlenwert von der relativen Häufigkeit der Wasserstoffisotope in beiden Systemen abhängig (S. 92). In vielen Fällen (— es sollen z. B. die Isotopieeffekte verschiedener Reaktionen untereinander oder Ergebnisse aus Absolutmessungen mit Ergebnissen der Konkurrenzmethode verglichen werden —) wird eine Extrapolation der experimentellen Werte auf 100 Atom-% Deuterium angestrebt. Dabei kann im allgemeinen keine einfache lineare Abhängigkeit der Reaktionsgeschwindigkeit vom Deuterium-Gehalt zugrundegelegt werden, sondern die Zusammenhänge sind entsprechend dem komplexen Charakter vieler Isotopieeffekte komplizierter.

Ein nichtlinearer Kurvenverlauf für die Abhängigkeit des Isotopieeffektes vom Deuteriumgehalt im Wasser bei Hydrolyse-Reaktionen wurde von Gold angegeben [22].

Für die Autoxydation von Cumol-[α-D] sind in der Abb. 19 die Abhängigkeiten der Reaktionsgeschwindigkeiten vom Deuteriumgehalt für die Bruttoreaktion (*1*) und für den unter verschiedenen Bedingungen isolierten Kettenfortpflanzungsschritt (*2*), (*3*) nach Messungen von Rummel zusammengestellt (vergl. S. 110).

Man erkennt, daß die größten Abweichungen von der Linearität bei der Bruttoreaktion auftreten. Die Kurven (*2*) und (*3*) zeigen, daß die Angleichung an eine lineare Abhängigkeit zwar mit sinkender Temperatur besser wird, daß aber offenbar selbst bei 65 °C ein Zerfall von Peroxiden, der zu Folgereaktionen unter Sauerstoffverbrauch führt,

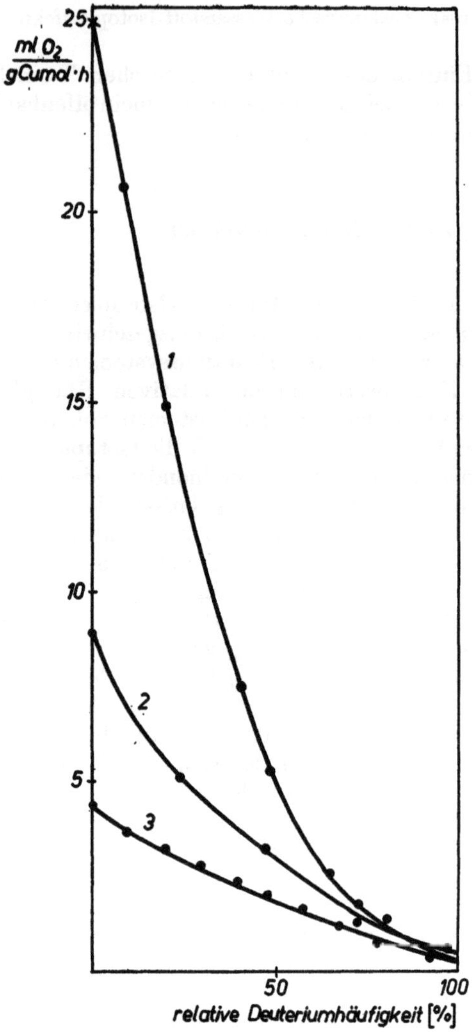


**Abb. 19: Abhängigkeit der Reaktionsgeschwindigkeit (Autoxydation von Cumol-[α-D]) vom Deuteriumgehalt.**
**1 = 65 °C, Cumolhydroperoxid als Katalysator;**
**2 = 85 °C, Azocyclohexylnitril als Katalysator;**
**3 = 65 °C, Azobisisobutyronitril als Katalysator [37].**

nicht völlig unterbunden wird. Für einen völlig isolierten Elementarschritt oder eine einstufige Reaktion hingegen sollte die Abhängigkeit der Reaktionsgeschwindigkeit vom Deuteriumgehalt linear sein.

### *6.3.2.5. Weitere Einflüsse*

In Erweiterung des Modells für den Übergangszustand nach Westheimer (S. 38) ist zu beachten, daß selbst in linearen 3-Zentren-Modellen eine zweifach entartete *Deformationsschwingung* auftritt, die eine Bewegung des Wasserstoffs einschließt:

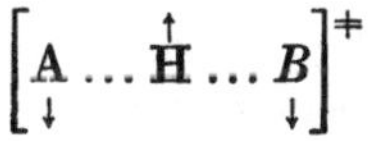

Das führt gerade bei großer Symmetrie zu einer Nullpunktsenergiedifferenz im Übergangszustand, d. h. zu einer Verkleinerung des Isotopieeffektes. Für nichtlineare Übergangszustände der Form

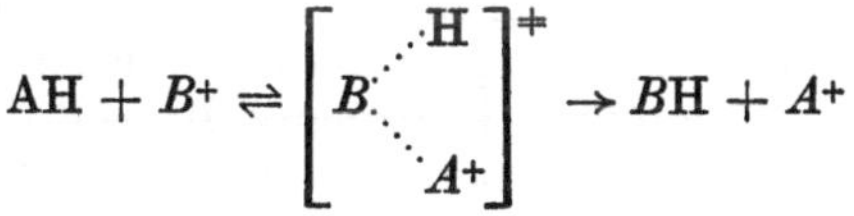

(Hydridionen-Übergang) wird die Reaktionskoordinate besonders stark durch Deformationsschwingungen mit bestimmt. Auf diese Weise können die relativ kleinen Isotopieeffekte bei entsprechenden Reaktionen (z. B. intramolekularen Umlagerungen) erklärt werden.

Bell zeigte, daß in vielen Fällen Tunnelkorrektion und Nullpunktsenergie der Deformationsschwingung einander aufheben. Deformationsschwingungsanteile können jedoch im Übergangszustand auch kleiner werden und dann einen beträchtlichen positiven Beitrag zum Isotopieeffekt leisten.

Für Reaktionen in Wasser ist die *Reorientierungszeit der Wassermoleküle* ($10^{-10} \dots 10^{-11}$ sec.) größer als die für einen Protonenübergang zwischen den ausgerichteten und aktivierten Molekülen benötigte Zeit ($10^{-12} \dots 10^{-13}$ sec.). Die Reorientierungszeit hält also mit dem Protonenübergang nicht Schritt (BELL und CROOKS). Diese Geschwindigkeiten sind bekanntlich massenabhängig und tragen somit zur Größe der beobachteten Isotopieeffekte bei.

Schließlich sei noch einmal die unvollständige oder völlig fehlende Energieverteilung in den *Nicht*-BOLTZMANN*schen Systemen* erwähnt, deren Einfluß auf die Größe des Isotopieeffektes noch eingehender Untersuchungen bedarf.

Die Entwicklung der letzten Jahre hat gezeigt, daß die Zusammenhänge zwischen der Größe eines gemessenen Isotopieeffektes und dem Charakter einer Reaktion viel komplizierter sind, als man früher annahm. Die erwähnten Parameter beeinflussen den Isotopieeffekt in unterschiedlicher Stärke und Richtung, so daß innerhalb eines Reaktionstyps ganz verschiedene Werte auftreten können, wie im Abschnitt 6.3.1. gezeigt wurde. Andererseits kennt man heute einige dieser Einflüsse wenigstens im Prinzip, so daß gewisse Grundregeln bei der Interpretation der Meßwerte und bei Verallgemeinerungen helfen. In einer Art Optimierungsaufgabe kann man z. B. die Bedingungen für das Auftreten eines maximalen Isotopieeffektes innerhalb eines Reaktionstyps ermitteln, wobei große Nullpunktsenergie-Effekte, symmetrische Lage des Wasserstoffs im Übergangszustand, hoher Deuteriumgehalt und quantenmechanische Tunnelbeiträge zusammentreffen müßten. Dies gilt für $H^+$-, $H^-$- und $H^\cdot$-Übergänge gleichermaßen.

Durch eine entsprechende Wahl der Reaktionspartner und Reaktionsbedingungen wird man außerdem solche Reaktionsschritte und Parallelreaktionen unterdrücken, die den Zahlenwert eines Brutto-Isotopieeffektes reduzieren.

Dabei ist noch zu beachten, daß sich innerhalb einer Reihe von einheitlich erscheinenden Reaktionen verwandter Verbindungen der Mechanismus ändern kann (z. B. Bevorzugung einer anderen geschwindigkeitsbestimmenden Stufe oder einer Parallelreaktion, Einflüsse des Mediums oder eines Katalysators). Derartige Änderungen spiegeln sich in der Größe des Isotopieeffektes wider und sind in vielen Fällen durch systematische Isotopieeffekt-Untersuchungen überhaupt erst erkannt worden (vergl. Tab. 17, S. 133 und Tab. 20, S. 159).

Da der am wenigsten überschaubare Einfluß auf die Größe eines Isotopieeffektes insgesamt von der praktisch unbekannten Struktur des Übergangszustands bzw. den daran beteiligten Schwingungen ausgeht, versucht man heute in zunehmenden Maße, unter Einbeziehung aller möglichen Werte der Kraftkonstanten die möglichen Übergangsstrukturen vorzugeben und daraus die dafür erwarteten Isotopieeffekte zu berechnen (Computer-Experimente).

## 6.4. *Sekundäre reaktionskinetische Wasserstoff-Isotopieeffekte*

Sekundäre reaktionskinetische Wasserstoff-Isotopieeffekte sind Unterschiede in der Reaktionsgeschwindigkeit, die auf Unterschieden in der isotopen Zusammensetzung solcher Wasserstoffatome beruhen, die nicht im geschwindigkeitsbestimmenden Schritt der Reaktion übertragen werden. Das heißt, es werden im geschwindigkeitsbestimmenden Schritt keine Bindungen dieser Wasserstoffatome gebildet oder gelöst, sondern Bindungen an einer anderen Stelle des Moleküls. Sekundäre Isotopieeffekte werden darüber hinaus auch bei solchen chemischen Vorgängen beobachtet, die ganz ohne Bindungsspaltungen oder -knüpfungen verlaufen und für die keine primären Isotopieeffekte denkbar sind (z. B. Razemisierungen).

Qualitativ ist der sekundäre Isotopieeffekt als Unterschied in der Bindungsschwächung oder -stärkung der betrachteten Isotope beim Eintritt in den Übergangszustand zu verstehen.

Aus der Größe eines experimentell ermittelten reaktionskinetischen Isotopieeffektes kann oftmals nicht ohne weiteres entschieden werden, ob es sich um einen primären oder sekundären Effekt handelt. Isotopieeffekte $> 2$ sind mit hoher Wahrscheinlichkeit primär, Isotopieeffekte $< 2$ aber nicht mit der gleichen Wahrscheinlichkeit sekundär, da auch sehr kleine primäre Isotopieeffekte bekannt sind. In vielen Fällen treten auch primäre und sekundäre Isotopieeffekte gemeinsam auf. Bei diesen komplexen Isotopieeffekten ist eine Aufgliederung oftmals nicht möglich. HALEVI, der eine gründliche Diskussion dieses Gebietes vornahm [2], stellte die Regel auf:

„Wenn eine Bindung zu einem isotopen Atom im geschwindigkeitsbestimmenden Schritt der Reaktion gebildet oder gespalten wird, sind die sekundären Isotopieeffekte gegenüber primären Isotopieeffekten von untergeordnetem Rang."

### 6.4.1. *Größe experimenteller Werte und Reaktionsmechanismus*

Die Größe und Richtung eines sekundären Isotopieeffektes ist in erster Linie von der Stellung des Deuteriums oder Tritiums im Molekül und von der Reaktion abhängig. Nach einem Vorschlag von STREITWIESER gliedert man die sekundären Isotopieeffekte in Effekte 1. Art und Effekte 2. Art.

*Sekundäre Isotopieeffekte der 1. Art* sind dadurch charakterisiert, daß beim Übergang vom Grundzustand zum Übergangszustand die räumliche Orientierung derjenigen Bindungsbeziehungen, an denen die betrachteten Isotope teilhaben, verändert wird:

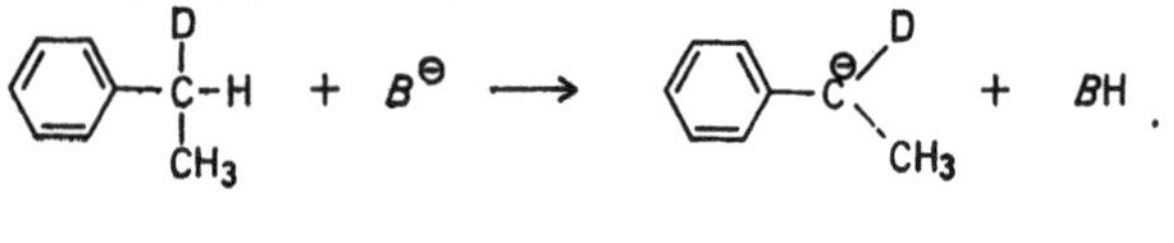

*Sekundäre Isotopieeffekte der 2. Art* werden dann beobachtet, wenn der Übergangszustand ohne räumliche Umorientierung der Bindungen der betrachteten Isotope erreicht wird:

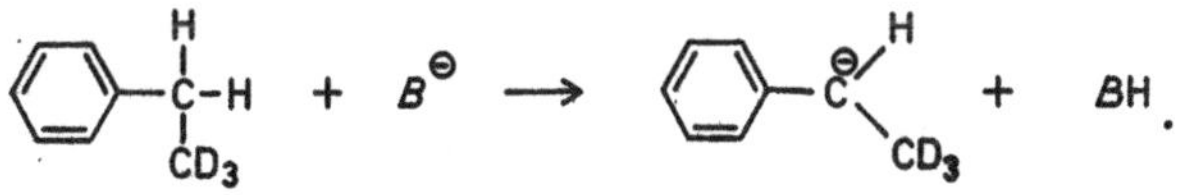

Unabhängig von dieser Einteilung unterscheidet man *sekundäre α-, β- und γ-Deuterium-Isotopieeffekte,* je nachdem, ob die isotope Substitution eine, zwei oder drei Bindungen vom Reaktionszentrum (Ort der Bindungsspaltung oder -knüpfung) entfernt erfolgt ist.

Das oben angegebene Beispiel für den Isotopieeffekt 1. Art demonstriert zugleich einen α-Deuterium-Isotopieeffekt, während das Beispiel für den Effekt 2. Art zugleich ein Beispiel für einem β-Deuterium-Isotopieeffekt darstellt.

Während α-D-Isotopieeffekte im allgemeinen ein Maß für die Geometrie des Übergangszustandes sind, geben β-D-Isotopieeffekte Hinweise auf den Carboniumionen-Charakter des Übergangszustandes — zumindest, wenn die Abgangsgruppe Sauerstoff ist (STREITWIESER).

### 6.4.1.1. *Sekundäre Isotopieeffekte der 1. Art*

Ein sekundärer Isotopieeffekt 1. Art ist beispielsweise bei der Änderung der Hybridisierung des Kohlenstoffs zu erwarten. Der Übergang von einer $sp^3$-Hybridisierung zu einer $sp^2$-Hybridisierung führt zu sterischen Änderungen:

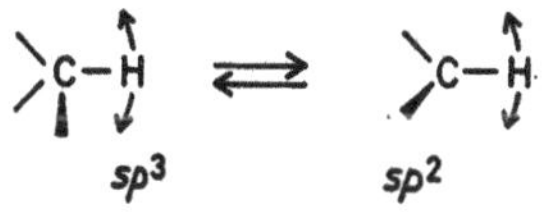

So wird der Carboniumionen-Übergangszustand bei Solvolysen durch den schematisch dargestellten Übergang von einer tetraedrischen C—H-Deformationsschwingung zu einer solchen Deformationsschwingung erreicht, die senkrecht zur nahezu ebenen Lage des trigonalen Carboniumions erfolgt, damit freier ist und eine entsprechend geringere Frequenz und Nullpunktsenergie hat. Das schwerere D-Atom oder T-Atom folgt dieser Schwingungsänderung in geringerem Maße als das H-Atom; der Energiegewinn ist geringer, und es tritt ein Isotopieeffekt $k_H/k_D > 1$ auf. Für das oben angeführte Beispiel der *Wasserstoffabspaltung* aus Äthylbenzol liegt der (intramolekulare) sekundäre Isotopieeffekt 1. Art bei ca. 1,15, das heißt, ein α-H-Atom wird aus $C_6H_5CHDCH_3$ um ca. 15% langsamer abgespalten als ein α-H-Atom aus $C_6H_5CH_2CH_3$.

Erfolgt nun, wie bei *Additionen an Doppelbindungen*, umgekehrt ein Übergang von einer $sp^2$- zu einer $sp^3$-Hybridisierung im Übergangszustand, so tritt naturgemäß ein inverser Isotopieeffekt $k_H/k_D < 1$ auf. So wurde z. B. für die Oxydation von trans-Stilben-[$D_2$] mit Kaliumpermanganat $k_H/k_D = 0,82$ gefunden.

Die meisten Untersuchungen über sekundäre Deuterium-Isotopieeffekte wurden bei *Solvolysereaktionen* vorgenommen. Unter gewissen Voraussetzungen gibt hier die Größe des experimentellen Wertes eine Auskunft darüber, ob ein $S_N1$- oder $S_N2$-Mechanismus vorliegt. Der Übergang von der tetraedrischen zur trigonalen Konfiguration ist für den $S_N1$-Mechanismus typisch. Dabei werden im allgemeinen $k_H/k_D$-Werte von 1,10 ··· 1,12 pro α-D-Atom gefunden, sowohl an primären als auch an sekundären Kohlenstoffatomen.

Halevi diskutiert die in der Tab. 17 zusammengestellten Messungen bei der Hydrolyse verschiedener Alkylester $\left(\text{als } \Delta\Delta F^{\ddagger} \text{ pro D-Atom, wobei } \Delta\Delta F^{\ddagger} = RT \ln \frac{k_H}{k_D}\right)$.

Die Trennungslinie in der Tab. 17 gibt den Übergang vom reinen $S_N1$-Mechanismus (oben rechts) zum reinen

Tabelle 17: *Größe des sekundären Isotopieeffektes bei der Hydrolyse in Abhängigkeit von den beiden Esterkomponenten [2]*

| Abgangsgruppe | $\Delta\Delta F^{\ddagger}/n$ [cal] | | |
|---|---|---|---|
| | $CD_3$ | $CH_3CD_2$ | $(CH_3)_2CD$ |
| p-$CH_3$—$C_6H_4$—$SO_3$— | − 9 | + 12 | + 76 |
| $CH_3$—$SO_3$— | − 9 | + 12 | + 81 |
| J— | − 33 | − 12 | + 16 |
| Br— | − 25 | − 6 | + 22 |
| Cl— | − 20 | | |
| $NO_3$— | − 20 | | |

$S_N2$-Mechanismus (unten links) an. Der $S_N2$-Mechanismus ist mit einem inversen sekundären Isotopieeffekt verknüpft.

Auch bimolkulare $S_N2$-Verdrängungsreaktionen in nichtwäßrigen Lösungsmitteln ergeben inverse Isotopieeffekte. So fanden Simon und Palm [7] für die Quarternierung von Pyridin mit $CH_2TJ$ in Benzol $k_H/k_T = 0{,}96$.

Für die Reaktion

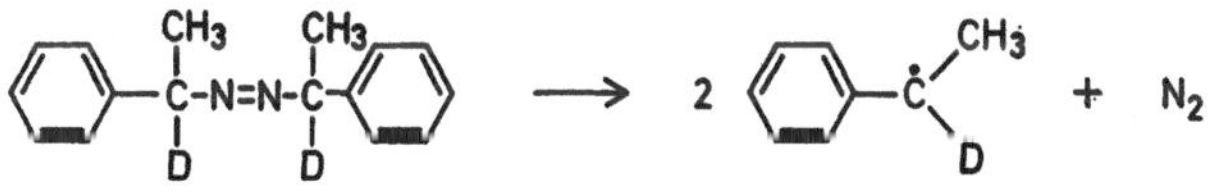


wurde bei 105 °C $k_H/k_D = 1{,}27$ gefunden [2]. Das ist die doppelte Größe für den Übergang vom tetraedrischen zum trigonalen Konfigurationszustand an *einem* Kohlenstoffatom. Für den Mechanismus dieser Reaktion wurde daraus geschlossen, daß beide C—N-Bindungen gleichzeitig gespalten werden.

### 6.4.1.2. *Sekundäre Isotopieeffekte der 2. Art*

Eine eindeutige Zuordnung der sekundären Isotopieeffekte zur 1. oder zur 2. Art ist nicht immer möglich, auch sind oftmals beide Arten wirksam. HALEVI gibt die folgende Regel an:

„Wenn Bindungen zu isotopen Atomen einer räumlichen Umorientierung unterliegen, so überschatten sekundäre Isotopieeffekte der 1. Art im allgemeinen solche der 2. Art."

HALEVI diskutiert Isotopieeffekte der 2. Art für Wasserstoffabspaltungen, z. B. am Cumol-[$\beta$-$D_6$], für Additionen an Carbonylgruppen und für Solvolysen mit Deuterium in $\beta$- und in $\gamma$-Stellung zur Abgangsgruppe, sowie in noch größerer Entfernung vom Reaktionszentrum. Sekundäre Isotopieeffekte der 2. Art sind im allgemeinen kleiner als die der 1. Art. So wurde für das zu Beginn des Abschnitts 6.4.1. angeführte Beispiel der Wasserstoffabspaltung aus Äthylbenzol-[$\beta$-$D_3$] $k_H/k_D = 1{,}11$ gefunden, d. h., eine Verzögerung von nur 3 ··· 4% pro Deuteriumatom.

Die Größe sekundärer Isotopieeffekte sollte immer in „Prozent pro Deuterium- oder Tritiumatom" angegeben werden.

### 6.4.2. *Kraftkonstanten-Änderungen als Ursachen sekundärer Isotopieeffekte*

Über Ursache und Wesen der sekundären Isotopieeffekte bestehen unterschiedliche Meinungen. Während einige Arbeitskreise sekundäre Isotopieeffekte als sterische Effekte diskutieren, sehen sie andere mehr als induktive [2] oder hyperkonjugative [39] Substituenteneffekte. THORNTON [44] machte kürzlich deutlich, daß für diese scheinbar gegensätzlichen Auffassungen die gemeinsame Ursache in den Nullpunktsenergie-Differenzen der Schwingungen bzw. in Kraftkonstanten-Änderungen gesehen werden muß. In einzelnen Reaktionen oder Reaktionstypen äußert sich dann diese Ursache stärker als sterischer (non-bonded) oder induktiver oder hyperkonjugativer Substituenteneffekt. Mitunter sind auch mehrere Interpretationsmöglichkeiten bei ein und derselben Reaktion möglich. Beim Vergleich sekundärer Isotopieeffekte mit chemischen Substituenteneffekten von $CH_3$-, Cl- oder $NH_2$-Gruppen darf die Analogie nicht überbewertet werden. Ein grundsätzlicher Unterschied besteht darin, daß bei chemisch unterschiedlichen Substituenten z. B. die Gestalt der Potentialenergiekurve unterschiedlich ist (Lage des Minimums und Neigung der Kurve). Isotope unterscheiden sich hingegen nur in der Lage der Nullpunktsenergie in Potentialenergiekurven mit identischer Gestalt.

Es sei an dieser Stelle noch einmal bemerkt, daß alle hier angeführten Diskussionen zwangsläufig eine starke Vergröberung der in Wirklichkeit weitaus komplizierteren Zusammenhänge darstellen.

### *6.4.2.1. Sterische Effekte*

Aus der Anharmonizität der Potentialenergiekurve (Abb. 2, S. 22) läßt sich ableiten, daß das schwerere Isotop mit der tiefer liegenden Nullpunktsenergie im Vergleich zum leichteren Isotop eine Bindungsverkürzung zum Zentralatom erfährt. Die Raumerfüllung einer $CD_3$-Gruppe ist demzufolge kleiner als die einer $CH_3$-Gruppe.

Ein Beispiel für die sterische Wirkung einer Deuteriumsubstitution ist die Razemisierungsgeschwindigkeit von

(+)—2,2'-Dibrom-4,4'-dicarboxydiphenyl, für die in Abhängigkeit vom Ort der Deuteriumsubstitution die folgenden Isotopieeffekte gemessen wurden [32]:

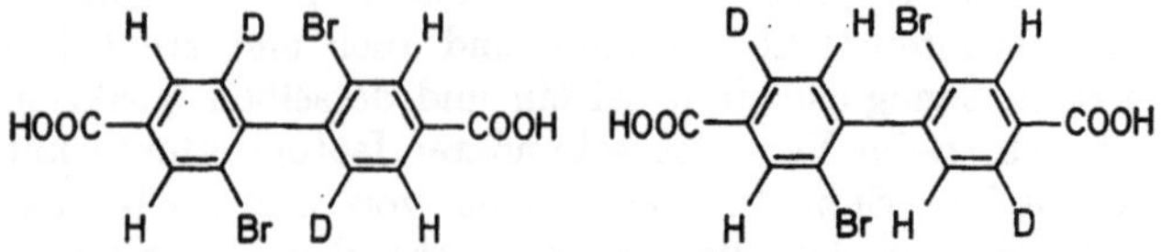

$k_D/k_H = 1{,}19$ ($k_H/k_D = 0{,}85$) $k_H/k_D = 1{,}02 \pm 0{,}02$.

Die um 19% ansteigende Razemisierungsgeschwindigkeit für die 6,6'-$D_2$-Verbindung entspricht dem theoretisch erwarteten Effekt für den Rückgang der sterischen Hinderung. Diese non-bonded Einflüsse sind bei der 5,5'-$D_2$-isotop-isomeren Verbindung nicht möglich.

### *6.4.2.2. Induktive Substituenteneffekte*

Die Anharmonizität der Potentialenergiekurve führt mit der Verkürzung der C—D-Bindung nicht nur zu einer geringeren Raumerfüllung und zu schwächeren nichtbindenden Wechselwirkungen, sondern auch zu einer etwas stärkeren Elektronenabstoßung dieser Gruppe, d. h., zu einem leichten Elektronenüberschuß am Kohlenstoffatom gegenüber dem Kohlenstoffatom einer C—H-Bindung. Damit kommt es zu einem größeren +I-Effekt der C—D-Gruppe im Vergleich zur C—H-Gruppe. Das äußert sich z. B. auch in etwas größeren Dipolmomenten der deuterierten Verbindungen (vergl. Kapitel 4.) oder — allgemeiner ausgedrückt — in einer veränderten Polarität und Polarisierbarkeit: An Kohlenstoff gebundenes Deuterium ist weniger gut polarisierbar als Protium. Bei chemischen Reaktionen kann ein +I-Effekt zu einer größeren Reaktionsgeschwindigkeit für die deuterierte Verbindung führen (z. B. Erniedrigung der Aktivierungsenergie einer Zersetzung durch induktive Stabilisierung des entstehenden Radikals). Auch für die weiter vorn erwähnten $sp_2 \rightarrow sp_3$-Übergänge mit inversen Isotopieeffekten werden neben sterischen induktive Effekte diskutiert.

Während die induktiven Effekte für α-Deuterium-Substitution vielfach durch sterische Effekte und diejenigen für β-Deuterium-Substitution durch Hyperkonjugation überlagert werden (vergl. folgender Abschnitt), ist beides bei einer γ-Deuterium-Substitution nicht möglich. Dort sollten demzufolge „reine" induktive Effekte beobachtet werden. Die einfachste Verbindung, an der diese Verhältnisse demonstriert werden können, ist eine Propylverbindung. Für die Solvolysegeschwindigkeit verschieden deuterierter Propylbromide bei 80 °C wurden folgende $\Delta\Delta F^{\neq}/n$-Werte ermittelt [2]:

| | |
|---|---|
| $CH_3—CH_2—CD_2—Br$ | − 6 |
| $CH_3—CD_2—CH_2—Br$ | + 18 |
| $CD_3—CH_2—CH_2—Br$ | − 19. |

Propylbromid-[γ-$D_3$] ergibt im Gegensatz zu den anderen Verbindungen einen auffallend großen inversen Isotopieeffekt.

### *6.4.2.3. Hyperkonjugation*

Der relativ große normale sekundäre Isotopieeffekt für das soeben erwähnte *n*-Propylbromid-[β-$D_2$] wird von Halevi als Überkompensation eines induktiven Effektes durch Hyperkonjugation gedeutet: Die hyperkonjugative Stabilisierung des Carboniumions durch Ladungsdelokalisierung auf die benachbarten β-Wasserstoffatome ist für H und D unterschiedlich groß. Die kleinere Amplitude der C—D-Deformationsschwingung führt zu geringerer

Hyperkonjugation und damit geringerer Reaktionsgeschwindigkeit:

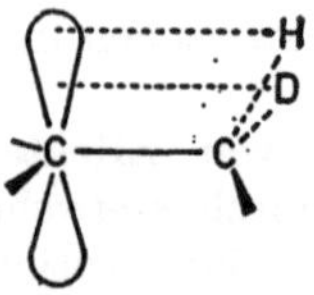


Ohne hier näher auf die umstrittene Theorie der Hyperkonjugation einzugehen, soll eine häufig zitierte Arbeit von SHINER [39] wiedergegeben werden, in der eindrucksvoll die induktiven und die hyperkonjugativen Anteile an einem sekundären $\beta$-Deuterium-Isotopieeffekt isoliert wurden. Für die Solvolyse zweier isotop-isomerer bicyclischer tertiärer Chloride wurden bei 45 °C in 60%igem wäßrigem Äthanol die unter den Formeln angegebenen $k_H/k_D$-Werte erhalten:

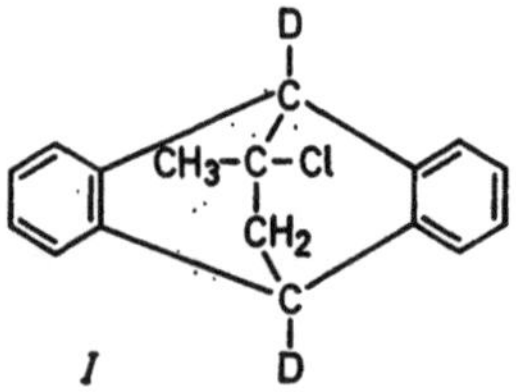


*I*

$k_H/k_D = 0{,}986 \pm 0{,}01$

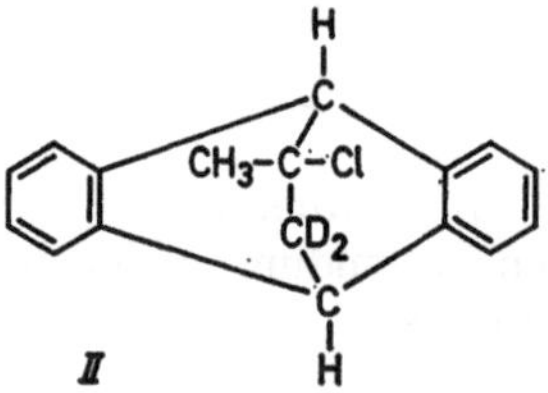


*II*

$k_H/k_D = 1{,}14 \pm 0{,}01.$

Während für das $\beta$-Deuteriumatom in der Verbindung *I* aus Symmetriegründen keine Hyperkonjugation möglich ist, erreicht sie für die beiden $\beta$-Deuteriumatome in Verbindung *II* ihr Optimum. Die Reaktion von *I* legt demzufolge den induktiven Anteil frei, der bei *II* vom Anteil der Hyperkonjugation überlagert wird.

Auch bei Substituenteneinflüssen über den aromatischen Ring hinweg kann zwischen einem erhöhten $+I$-Effekt (m-$CD_3$-Gruppe) und einer verringerten Hyperkonjugation (p-$CD_3$)-Gruppe unterschieden werden.

In den meisten bisher untersuchten Systemen scheinen Hyperkonjugation und induktiver Effekt den sekundären Isotopieeffekt in entgegengesetzter Richtung zu beeinflussen, wobei die Hyperkonjugation im allgemeinen den stärkeren Einfluß ausübt, so daß $\beta$-Deuterium-Isotopieeffekte $> 1$ gemessen werden. Die Abwesenheit sekundärer Isotopieeffekte in $\beta$-deuterierten Substanzen wird mitunter so gedeutet, daß beide Einflüsse einander aufheben.

### 6.4.2.4. *Temperaturabhängigkeit*

Nach der Theorie der Nullpunktsenergie-Effekte müßte der sekundäre Isotopieeffekt ebenso wie der primäre eine der ARRHENIUSschen Gleichung gehorchende Temperaturabhängigkeit aufweisen. Neben Untersuchungen, die diese Parallele bestätigen, sind jedoch auch zahlreiche Messungen bekannt, die eine temperaturunabhängige, konstante Größe des sekundären Isotopieeffektes zeigen. Dann ist nicht $\Delta\Delta G^{\neq} \cong \Delta\Delta H^{\neq}$, wie vereinfachend für primäre Isotopieeffekte angenommen wird (S. 34), sondern eher $\Delta\Delta G^{\neq} \cong \Delta\Delta S^{\neq}$ zu setzen. Der Entropiebeitrag scheint die Interpretation als sterischen sekundären Isotopieeffekt zu stützen. Andererseits kann aber auch theoretisch erklärt werden, daß es sich bei den temperaturunabhängigen Größen um ein zufälliges Aufheben von Nullpunktsenergiedifferenzen handelt.

In geeigneten Systemen kann man aus der Temperaturabhängigkeit des sekundären Isotopieeffektes ableiten, ob ein $S_N1$- oder ein $S_N2$-Mechanismus vorliegt.

## 6.5. *Lösungsmittel-Isotopieeffekte*

Lösungsmittel-Isotopieeffekte sind — zumeist komplexe — Isotopieeffekte bei Reaktionen in isotopen Lösungsmitteln.

Sie sind von solchen Isotopieeffekten abzugrenzen, die bei Reaktionen gelöster isotoper Substanzen in Lösungsmitteln natürlicher isotoper Zusammensetzung gemessen werden (siehe z. B. Tab. 17).

Der verhältnismäßig geringe experimentelle Aufwand und die zahlreichen Variationsmöglichkeiten haben zu einer besonders großen Zahl von Untersuchungen in $D_2O$ geführt, unter anderem bei Hydrolysereaktionen, Neutralisationsreaktionen, Zersetzungen, tautomeren Umwandlungen, Mutarotationen, Razemisierungsprozessen und Isotopenaustauschvorgängen. Einige Beispiele wurden in der Tab. 18 zusammengestellt.

Tabelle 18: *Einige Lösungsmittel-Isotopieeffekte [12]*

| Reaktion | Temperatur (°C) | $\frac{k_{H_2O}}{k_{D_2O}}$ | Mechanismus |
|---|---|---|---|
| Acetal-Hydrolyse (Säurekatalyse) | 15 | 0,37 | *A* 1 |
| Rohrzucker-Inversion (Säurekatalyse) | 25 | 0,49 | *A* 1 |
| Hydrolyse von Essigsäuremethylester (Säurekatalyse) | 15 | 0,62 | *A* 2 |
| Mutarotation von Glucose (Säurekatalyse) | 25 | 1,37 | *A* 2 vorgelagerter Isotopenaustausch |
| Decarboxylierung von 2,4-Dihydroxybenzoesäure | 50 | 1,76 | $A-S_E2$ |
| Wasser-Addition an Trimethyläthylen | 30 | 1,22 | $A-S_E2$ |
| Ionisierung von Acetylaceton (Basenkatalyse) | 25 | 4,5 | $A-S_E2$ |
| Tritiumabspaltung aus p-Kresol-[2-T] | 25 | 4,3 | $A-S_E2$ |

Sehr viele $D_2O$-Experimente wurden in der Biochemie (besonders bei Enzymreaktionen) und in der Biologie unternommen (vergl. Kapitel 7.). Daneben wurden auch zahlreiche Untersuchungen in $T_2O$ sowie in Deuterium- oder Tritium-substituierten Alkoholen, Säuren und Basen durchgeführt.

Im Gegensatz zur einfachen experimentellen Arbeitstechnik — man läßt die Reaktion unter identischen Bedingungen in jedem der isotopen Lösungsmittel ablaufen und setzt die Geschwindigkeitskonstanten ins Verhältnis — ist die Deutung der Lösungsmittel-Isotopieeffekte schwierig.

Das Lösungsmittel — z. B. $D_2O$ — kann auf die Geschwindigkeit der betrachteten Reaktion einerseits als Medium mit einer bestimmten Löslichkeitsaktivität (solvating power) wirken oder als Medium, das die Dissoziation und damit die Stärke gelöster Säuren und Basen bestimmt und somit säure- und base-katalysierte Reaktionen beeinflußt. Andererseits kann das Lösungsmittel selbst als Katalysator wirken oder selbst Reaktant sein. Aus diesem multifunktionellen Verhalten des Lösungsmittels folgt bereits, daß auch der bei einer Reaktion in einem isotopen Lösungsmittel gemessene Isotopieeffekt uneinheitlich und das Resultat mehrerer einfacher Isotopieeffekte sein wird. $H_2O$ und $D_2O$ unterscheiden sich beispielsweise deutlich in ihrer Dichte, Zähigkeit, Oberflächenspannung, Ionenbeweglichkeit, Lösungsaktivität gegenüber Salzen und im Dipolmoment (vergl. Tab. 2, S. 12). Ein Beispiel dafür, daß lediglich eine solche physikalische Eigenschaft des $D_2O$ die Geschwindigkeit einer Reaktion beeinflußt und das $D_2O$ nicht direkt als Reaktionspartner beteiligt ist, stellt die katalytische Aktivierung von molekularem Wasserstoff durch Metallionen in wäßriger Lösung dar.

In den meisten Fällen ist das $D_2O$ direkt an der Reaktion beteiligt, d. h., es wird eine O—D-Bindung gespalten oder gebildet und im Zusammenhang damit beispielsweise im organischen gelösten Substrat eine C—D-Bindung gebildet oder gespalten. Die Isotopieeffekte in den Lösungsmitteleigenschaften des nichtreagierenden Wassers sind naturgemäß unabhängig davon wirksam.

Der theoretisch zu erwartende Maximalwert für die Spaltung einer O–H/O–D-Bindung bei 25 °C liegt nach Wiberg bei $k_H/k_D = 10{,}6$. Die aus Absolutmessungen erhaltenen Lösungsmittel-Isotopieeffekte liegen hingegen fast ausschließlich zwischen $k_{H_2O}/k_{D_2O} = 0{,}3$ und 3,0. Beim Vergleich des Wibergschen Maximalwertes für die Spaltung einer C–H/C–D-Bindung bei 25 °C ($k_H/k_D = 6{,}9$) mit dem Experiment wurde festgestellt, daß die Mehrheit der experimentellen Werte für eine C—D-Spaltung im geschwindigkeitsbestimmenden Schritt den theoretischen nahekommen (Seite 99). Sicherlich ist eine derartige Übereinstimmung auch für den Elementareffekt der O–H/O–D-Bindungsspaltung gegeben. Dieser Wert wird aber offenbar teilweise kompensiert oder sogar überkompensiert durch andere Isotopieeffekte. Beim Arbeiten mit $D_2O$ unterscheidet man hauptsächlich drei Arten von Lösungsmittel-Isotopieeffekten:

1. Als *primären reaktionskinetischen Lösungsmittel-Isotopieeffekt* bezeichnet man das Verhältnis der Geschwindigkeitskonstanten $k_H/k_D$ für den Übergang eines Wasserstoffions aus einer Bindungsbeziehung im Wasser zu einer Bindungsbeziehung im gelösten Substrat (oder in umgekehrter Richtung).

2. Als *sekundären reaktionskinetischen Lösungsmittel-Isotopieeffekt* bezeichnet man die auf Grund der unterschiedlichen isotopen Zusammensetzung des Lösungsmittels hervorgerufenen Änderungen der Reaktionsgeschwindigkeit durch Wasserstoffionen, die keinem Wechsel ihrer Bindungsbeziehung unterliegen. Diese Isotopieeffekte sind den im vorangegangenen Abschnitt definierten sekundären Isotopieeffekten vergleichbar. Sie treffen beispielsweise auf zwei der drei Wasserstoffatome im Hydroniumion zu, wenn man zugrunde legt,

daß jeweils nur ein Wasserstoffion abgespalten wird:

$$H\cdot H_2O^+ \rightarrow H_2O + H^+$$

$$H\cdot D_2O^+ \rightarrow D_2O + H^+.$$

3. Als *thermodynamischer Lösungsmittel-Isotopieeffekt* wird die durch eine isotope Modifikation des Lösungsmittels verursachte Änderung der Gleichgewichtskonstante gelöster Elektrolyte bezeichnet. Aus vielen Experimenten und Berechnungen ist bekannt, daß das Verhältnis der Aciditätskonstanten der Säuren $HA$ in $H_2O$ und $DA$ in $D_2O$ (S. 75)

$$\frac{K_H}{K_D} \approx 3{,}3 \ (25\,°C)$$

beträgt. Alle OH-, NH- und SH-Säuren sind demzufolge in $H_2O$ stärker als in $D_2O$.

Der thermodynamische Isotopieeffekt auf Säure-Base-Gleichgewichte wurde bereits im Kapitel 5. besprochen. Sein Einfluß auf die Größe und Richtung des Brutto-Lösungsmittel-Isotopieeffektes erhellt aus folgender Überlegung:

Im geschwindigkeitsbestimmenden Schritt einer Hydrolysereaktion tritt auf Grund eines langsamen Protonen- bzw. Deuteronen-Übergangs ein primärer reaktionskinetischer Isotopieeffekt auf. Wird nun der Reaktant in einem vorgelagerten Gleichgewicht erst gebildet (zum Beispiel als konjugierte undissoziierte Säure $HA$), so ist die Gleichgewichtskonzentration dieses Reaktanten im $D_2O$-Medium größer, denn die Dissoziation schwacher Säuren ist in $D_2O$ geringer. Da für Reaktionen erster Ordnung $RG = k \cdot [HA]$ gilt, ist $k_D$ mit einem größeren Wert für $[DA]$ in $D_2O$ zu multiplizieren als dem Wert für $[HA]$ in $H_2O$, mit dem $k_H$ zu multiplizieren ist. Dies führt zu einem kleineren $\frac{(RG)_H}{(RG)_D}$ - Verhältnis als dem durch den Quotienten der Geschwindigkeitskonstanten vorgegebenen. Tritt nun im geschwindigkeitsbestimmenden Schritt ein sehr kleiner oder überhaupt kein Isotopieeffekt auf ($k_H = k_D$), so wird der Brutto-Lösungsmittel-Isotopieeffekt $< 1$, d. h., invers.

Im größten Teil der experimentellen Arbeiten über Lösungsmittel-Isotopieeffekte wurde auf den Versuch einer quantitativen Aufgliederung des Brutto-Isotopieeffektes verzichtet. Erst in jüngerer Zeit wurden solche Experimente unternommen und die Ergebnisse mit Berechnungen verglichen.

So ermittelten GOLD und KESSICK [22] den Lösungsmittel-Isotopieeffekt für die Hydratation des Isobutylens in verdünnter Säure einmal durch Absolutmessung der Geschwindigkeitskonstanten mit dem Ergebnis

$$\frac{k_{H_2O}}{k_{D_2O}} = 1{,}45$$

und einmal nach der Konkurrenzmethode mit dem Ergebnis

$$\frac{n(1-m)}{m(1-n)} = 3{,}9 \pm 0{,}5$$

(n = Atomanteil Deuterium im Lösungsmittel; m = Molfraktion tert.-Butyl-[D]-alkohol-[OD] im isolierten Produkt).

Die Differenz wird als *thermodynamischer Isotopieeffekt* erklärt, der z. B. für die $H^+$-Ionen der Säure eine größere Deuteriumhäufigkeit als für die Protonen des Lösungsmittels hervorruft. Den theoretischen Zusammenhang zwischen beiden experimentellen Ergebnissen stellt folgende Gleichung her:

$$\frac{n(1-m)}{m(1-n)} = l^{-(1+2\alpha)} \cdot \frac{k_H}{k_D}$$

($l$ = Austauschkonstante; $l = L^{-1/6}$; L — Fraktionierungsparameter der GROSS-BUTLER-Theorie, S. 76); $\alpha$ = BRÖNSTED-Exponent des Protonenübergangs).

Gold und Kessick halten den sekundären Lösungsmittel-Isotopieeffekt in diesem Zusammenhang für relativ unwichtig.

Eine experimentelle *Isolierung des sekundären Lösungsmittel-Isotopieeffektes* gelang Kresge und Onwood [29] beim Wasserstoffisotopenaustausch im 1,3-Dimethoxybenzol durch verdünnte Perchlorsäure

$$HAr + {}^*HH_2O^+ \xrightleftharpoons{(geschw.\text{-}best.)} HAr^*H^+ + H_2O \rightleftharpoons Ar^*H + H_3O^+.$$

Durch Doppelmarkierung des Wassers unterschieden sie zwischen übertragenem und nicht übertragenem Wasserstoff und ermittelten für den sekundären Lösungsmittel-Isotopieeffekt den Zahlenwert 0,60 ± 0,02.

Über den Ausgangspunkt des Lösungsmittel-Isotopieeffektes im Verlaufe einer Hydrolysereaktion bestehen zur Zeit in der Literatur noch unterschiedliche Auffassungen. Während im allgemeinen die Meinung vorherrscht, daß er hauptsächlich aus der Ionen-Lösungsmittel-Wechselwirkung im Übergangszustand resultiert, sehen andere Autoren die Hauptursache in den Freie-Energie-Differenzen, die aus der unterschiedlichen Stabilität der $H_2O$- und der $D_2O$-Solvatationshülle des Anfangszustands der Reaktion resultieren [34].

Die vertiefte theoretische Behandlung der Lösungsmittel-Isotopieeffekte geht von den Schwingungsfrequenzen der Systeme aus. Beim Übergang in die flüssige Phase muß das Verhältnis der Dampfdrucke $H_2O/D_2O$ berücksichtigt werden, d. h., die größere Aufenthaltswahrscheinlichkeit von $D_2O$ in der flüssigen Phase. Außerdem sind Anharmonizitätskorrektionen und gehemmte Rotationen („Librationen") des Wassermoleküls im flüssigen Zustand sowie das Isotopenaustausch-Gleichgewicht

$$2\,D_3O^+ + 3\,H_2O \rightleftharpoons 2H_3O^+ + 3D_2O$$

zur Berechnung des vollständigen Zustandssummen-Verhältnisses zu berücksichtigen.

Berechnungen auf dieser Grundlage dienten Willi [12] und anderen als Beitrag zur Beantwortung der Frage, wie die *unterschiedliche Größe* der experimentellen Lösungsmittel-Isotopieeffekte mit *verschiedenen Reaktionsmechanismen* in Übereinklang zu bringen ist.

Legt man drei mögliche Mechanismen von Protonenübertragungsreaktionen zugrunde:

$A$–$S_E2$ (geschwindigkeitsbestimmender $H^+$-Übergang auf das Substrat)

$A_1$
$A_2$ (der Protonenübergang erfolgt in einem vorgelagerten Gleichgewicht und die protonisierte Form der Substanz reagiert im geschwindigkeitsbestimmenden Schritt monomolekular bzw. bimolekular),

so läßt sich aus dem umfangreichen experimentellen Material und in guter Übereinstimmung mit Berechnungen folgende Regel über die Zugehörigkeit eines Isotopieeffektes zu einem der Mechanismen erkennen [12, 14]:

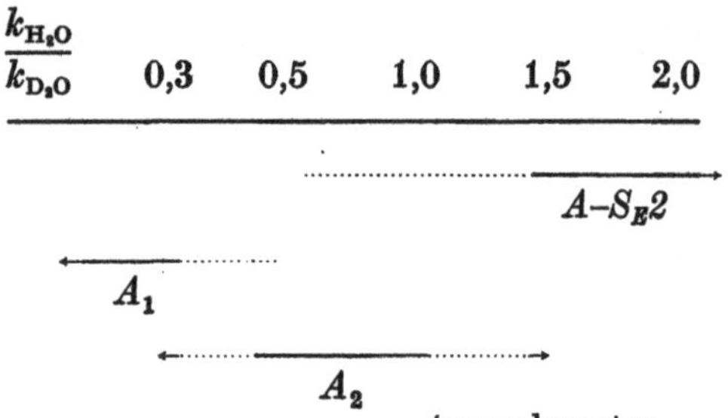


(vorgelagerter Isotopenaustausch).

Die größten experimentellen Lösungsmittel-Isotopieeffekte in der organischen Chemie liegen bei 8.

Nicht alle Isotopieeffekte, die an Reaktionen in $D_2O$ beobachtet werden, sind zu den Lösungsmittel-Isotopieeffekten zu rechnen. So wurden z. B. für die radikalische H/D-Abspaltung aus Phenolen-[OD] und sekundären Aminen-[ND] in $D_2O$ Isotopieeffekte bis zu 15 gemessen. Das Lösungsmittel ist dabei aber nicht an der Reaktion beteiligt, sondern soll lediglich den Rücktausch des Deuteriums im reagierenden Substrat mit der Luftfeuchtigkeit und dem Reaktionswasser verhüten (S. 112).

Lösungsmittelreaktionen in der anorganischen Chemie verlaufen in der Regel mit Isotopieeffekten > 1 (z. B. Reduktionen und Oxydationen). Für mehr als 20 Reaktionen des Typs Metall + $D_2O$ gibt WIBERG Isotopieeffekte zwischen 1,5 und 6 an.

Aus den Isotopieeffekten bei der Hydrolyse von Metallcarbiden in 99,0%igem $D_2O$ kann man auf die unterschiedlichen Mechanismen dieser Reaktionen schließen. Die Meßergebnisse sind in der Tab. 19 zusammengestellt.

Tabelle 19: *Isotopieeffekte bei der Hydrolyse von Metallcarbiden in $D_2O$ [38]*

| | Temp. °C | Isotopieeffekt |
|---|---|---|
| Urancarbid | 80 | 1,0 |
| Thoriumcarbid | 80 | 1,0 |
| Aluminiumcarbid | 80 | 4,0 |
| | 30 | 2,44 |
| Calciumcarbid | 30 | 2,3 |

Die $C_2$-Gruppen im Gitter der U- und Th-Dicarbide ergeben nicht wie $CaC_2$ reines Acetylen, sondern zu mehr als 70% höhere Kohlenwasserstoffe.

## *6.6. Reaktionskinetische Isotopieeffekte bei Elementen höherer Ordnungszahl*

Im Vergleich zu den primären Wasserstoff-Isotopieeffekten liegen die Isotopieeffekte der schwereren Elemente sehr viel niedriger und überschreiten nicht den Wert 2. Die geringe relative Massendifferenz der Isotope dieser Elemente läßt auch theoretisch nur entsprechend geringe Maximalwerte zu (vgl. Tab. 3, S. 36).

Da die Unterschiede in den Reaktionsgeschwindigkeitskonstanten bei den Isotopen der schwereren Elemente mitunter erst in der zweiten Stelle hinter dem Komma auftreten, verlangt deren experimentelle Ermittlung eine hohe Präzision. Als Meßmethode kommt praktisch nur die Konkurrenzmethode in Frage (S. 93). Mit Hilfe einer ausgefeilten Experimentiertechnik und hochauflösender Massenspektrometer wurde in jüngerer Zeit für einige Reaktionen nicht nur das Vorhandensein von Isotopieeffekten, sondern sogar eine Abhängigkeit der Größe dieser Effekte von verschiedenen Reaktionsparametern (z. B. Temperatur, Substituenteneinflüsse) nachgewiesen. Wegweisend arbeiteten auf diesen Gebieten Ropp, Yankwich und Fry [21].

Das — vom Wasserstoff abgesehen — hinsichtlich der Isotopieeffekte am gründlichsten untersuchte chemische Element ist der Kohlenstoff. Es folgen Stickstoff, Sauerstoff und Schwefel. Vereinzelt wurden reaktionskinetische Isotopieeffekte auch am Lithium und am Bor sowie an einigen schweren Elementen ermittelt. Soweit nicht radioaktive Isotope beteiligt sind, werden die Untersuchungen in einigen Arbeiten auch an Substanzen mit der natürlichen isotopen Zusammensetzung durchgeführt.

In der Schreibweise hat es sich eingebürgert, als Index der Geschwindigkeitskonstante $k$ nur die Massenzahlen anzugeben und das Elementsymbol wegzulassen:

$$\frac{k_{12_C}}{k_{14_C}} = \frac{k_{12}}{k_{14}}.$$

Die Angabe des Zahlenwertes für den Isotopieeffekt geschieht neben der vom Wasserstoff her bekannten Weise oftmals in Prozent, z. B.:

$$\frac{k_{12}}{k_{14}} = 1{,}05 \quad \text{oder} \quad \left[\left(\frac{k_{12}}{k_{14}}\right) - 1\right] \cdot 100 = 5\%.$$

Die Messungen von Isotopieeffekten an schwereren Elementen dienen — ähnlich wie die der Wasserstoff-Isotopieeffekte — zumeist der Klärung von Reaktionsmechanismen. Aus der Größe des Effektes und seiner Abweichung vom berechneten Maximalwert konnten neue Erkenntnisse über die Struktur des Übergangszustands gewonnen oder Zuordnungen des geschwindigkeitsbestimmenden Schrittes getroffen werden. In diesen systematischen Arbeiten wurde die Größe des Isotopieeffektes als Maß für den Grad der Bindungsspaltung angesetzt, wie es im Abschnitt 6.3.2. für die Wasserstoff-Isotopieeffekte besprochen wurde.

In letzter Zeit wurden öfter mehrere Atome einer Verbindung nacheinander isotop markiert (z. B. die Kohlenstoffatome einer C–C–C-Kette), um aus dem Vergleich der Isotopieeffekte den genauen Ort der Bindungsspaltung zu ermitteln (*Successive labelling technique*). Auch Isotopieeffekte an verschiedenen Elementen im gleichen Molekül wurden zu diesem Zwecke gemessen. Auf diese Weise erhielt man unter anderem Einblicke in den Mechanismus der WOLFF-Umlagerung, der CURTIUS-Reaktion, der HOFMANN-Reaktion und der LOSSEN-Reaktion ($^{14}C$, $^{15}N$), der $S_N2$-Substitution an Alkylenchlorid und der Hydrolyse von Benzylchloriden ($^{14}C$, $^{37}Cl$), der DIELS-ALDER-Reaktion ($^{13}C$, $^{18}O$), der Decarboxylierung ($^{13}C$, $^{18}O$ und $^{14}C$, D), der thermischen Zersetzung von Azoverbindungen (D, $^{15}$N), der TSCHUGAJEW-Reaktion ($^{34}$S) sowie der DIECKMANN-Kondensation, der Krackung von Paraffinen, der Pinakolin-Umlagerung und der BECKMANN-Umlagerung ($^{14}$C).

Vereinzelt wurden sogar *sekundäre Isotopieeffekte für schwerere Elemente* gemessen, z. B. für $^{14}$C. Die experimentellen Ergebnisse liegen bei $\leq 1\%$ und meist innerhalb der angegebenen Fehlergrenze.

SIMON und PALM verglichen in einer interessanten Studie die sekundären Isotopieeffekte für Tritium und $^{14}$C an zwei Molekülteilen praktisch gleicher Masse aber unterschiedlicher isotoper Markierung:

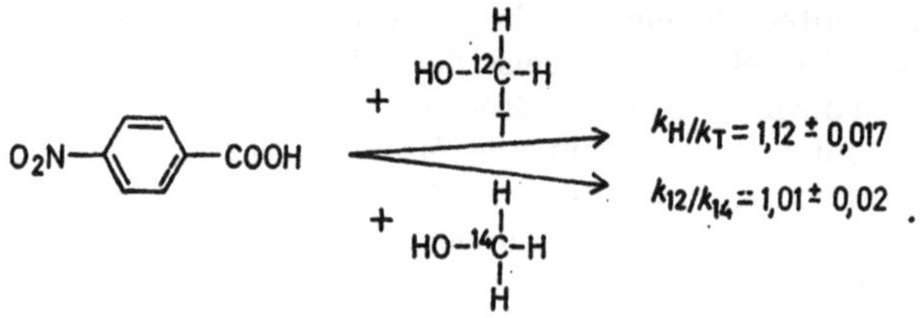


Beide Methyl-Reste haben die Masse 17. Wenn es sich beim sekundären Isotopieeffekt immer um einen reinen Masseneinfluß handelte, müßten übereinstimmende Isotopieeffekte gefunden werden. Der hohe Isotopieeffekt für Tritium weist auf eine unterschiedliche Polarisierung der Valenzelektronen durch die Wasserstoffisotope hin (vgl. Abschnitt 6.4.), während solche Erscheinungen bei den Kohlenstoffisotopen nicht auftreten.

### 6.6.1. *Kohlenstoff*

Nach MELANDER besitzen Kohlenstoff-Isotopieeffekt-Messungen gegenüber Wasserstoff-Isotopieeffekt-Messungen den Vorteil, daß erstere reine reaktionskinetische Isotopieeffekte sind, weil der Kohlenstoff physikalischen

Isotopieeffekten gegenüber weniger empfänglich ist als Wasserstoff. Auch Wechselwirkungen mit der Umgebung sind für das durch Liganden geschützte Kohlenstoffatom kaum denkbar. Andererseits besitzt aber der Kohlenstoff mit diesen Liganden mehrere „isotope Bindungen“, die einander beeinflussen.

Die hinsichtlich ihrer Kohlenstoff-Isotopieeffekte am gründlichsten untersuchte Reaktion ist die *Decarboxylierung der Malonsäure*. An dieser übersichtlichen Reaktion wurden Temperaturabhängigkeit, intra- und intermolekularer Isotopieeffekt (vgl. S. 88) sowie die Unterschiede zwischen $^{12}C/^{13}C$- und $^{12}C/^{14}C$-Isotopieeffekt demonstriert.

YANKWICH fand im Rahmen einer Untersuchung der Temperaturabhängigkeit für den intra- und den intermolekularen Isotopieeffekt übereinstimmende Werte:

$$\left(\frac{k_{12}}{k_{13}}\right)_{\text{intram}} = 1{,}0323 \pm 0{,}0005 \quad (99{,}5\,^\circ\text{C})$$

$$\left(\frac{k_{12}}{k_{13}}\right)_{\text{interm}} = 1{,}0320 \pm 0{,}0002 \quad (99{,}1\,^\circ\text{C})$$

(an Malonsäure mit der natürlichen isotopen Zusammensetzung gemessen).

Die $^{12}C/^{14}C$-Isotopieeffekte haben etwa die doppelte Größe der $^{12}C/^{13}C$-Isotopieeffekte. Die Bestimmung von $^{14}C$-Isotopieeffekten aus Messungen der Radioaktivität ist mit einem größeren Meßfehler behaftet als die Bestimmung von $^{13}C$-Isotopieeffekten aus massenspektroskopischen Messungen, so daß $^{12}C/^{13}C$-Isotopieeffekte im allgemeinen die $^{12}C/^{14}C$-Isotopieeffekte an Genauigkeit übertreffen. In einem Falle wurde mit der gleichen Meßmethode (Massenspektrometrie) der $^{13}C$-Effekt direkt mit dem $^{14}C$-Effekt verglichen (Decarboxylierung der Malonsäure):

$$\frac{k_{12}}{k_{13}} = 1{,}0285 \pm 0{,}0009; \quad \frac{k_{12}}{k_{14}} = 1{,}0545 \pm 0{,}0046.$$

Während die Decarboxylierungsreaktion der Malonsäure mit ihrem seit längerer Zeit gesicherten Mechanismus als Studienobjekt für die Leistungsfähigkeit von Kohlenstoff-Isotopieeffekt-Messungen anzusehen ist, versucht man in den meisten anderen Arbeiten, Aussagen über den geschwindigkeitsbestimmenden Schritt oder die Struktur des Übergangszustandes von C–C- oder C–X-Bindungsspaltungen zu erhalten.

So wurde z. B. versucht, über die Größe des Kohlenstoff-Isotopieeffektes eine Entscheidung zwischen dem $S_N1$- und dem $S_N2$-Mechanismus herbeizuführen. Reaktionen, für die ein $S_N1$-Mechanismus gesichert zu sein schien, ergaben sehr kleine (Hydrolyse von tert.-Butylchlorid: 3%) bis inverse $k_{12}/k_{14}$-Werte. Reaktionen mit $S_N2$-Ccharakter zeigten größere Effekte (9 ··· 14%), die zugleich zu den größten bisher bekannten Werten gehören. Die hierbei benutzte Arbeitsmethode des Substituentenwechsels ist von allgemeiner Bedeutung, da man auf diese Weise Auskünfte über Änderungen des Mechanismus innerhalb einer Reaktionsreihe erhält, ohne daß dabei der Typ der Reaktanten verändert wird. (Vgl. auch die entsprechenden Untersuchungen an anderen Elementen, z. B. am Wasserstoff — S. 133 — und Chlor — S. 159 —).

Als Beispiel für die Aufklärung eines geschwindigkeitsbestimmenden Schrittes durch die Messung mehrerer $^{12}C/^{14}C$-Isotopieeffekte sei die Untersuchung der Dieck-

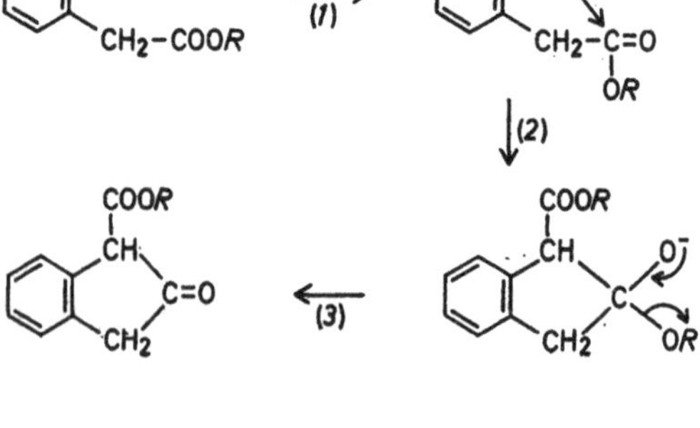

MANN-Kondensation zitiert [21]. Diese basisch katalysierte Cyclisierung eines Dicarbonsäureesters zu einem $\beta$-Ketoester verläuft nach nebenstehendem Mechanismus (S. 152).

Alle drei Stufen können geschwindigkeitsbestimmend sein. Eine Entscheidung wird durch eine sukzessive $^{14}$C-Markierung und den Vergleich aller Änderungen der Reaktionsgeschwindigkeit angestrebt: Ist der 1. Schritt geschwindigkeitsbestimmend, so muß eine $^{14}$C-Markierung an den beiden Methylengruppen einen deutlichen Isotopieeffekt ergeben, eine Markierung der Carboxylgruppen-Kohlenstoffatome hingegen keinen. Der 3. Schritt bringt eine Bindungsänderung nur für eine der Carboxylgruppen mit sich. Ein Isotopieeffekt dürfte demnach nur bei einer Carboxylgruppen-Markierung zu messen sein. Der 2. Schritt schließlich wäre dann als geschwindigkeitsbestimmend erkannt, wenn sowohl für die Markierung der Methylengruppen als auch für die der Carboxylgruppen ein Isotopieeffekt gemessen würde; denn der Übergangszustand umfaßte dann Bindungsänderungen für beide Arten von Kohlenstoffatomen.

Durch das Experiment wurde die 2. Stufe (Bildung der neuen C–C-Bindung) als die geschwindigkeitsbestimmende gesichert. Die Isotopieeffekte lauten für

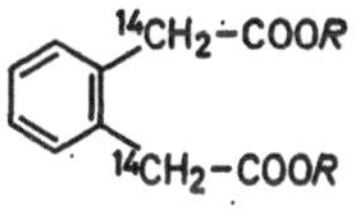


1,089 ± 0,014

und für

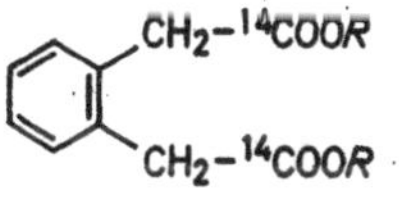


1,084 ± 0,004.

Von verschiedenen Autoren wurde versucht, Abhängigkeiten der Größe des Kohlenstoff-Isotopieeffektes innerhalb homologer Reihen festzustellen. Im allgemeinen wurde gefunden, daß für eine Reihe verwandter Reaktionen der Isotopieeffekt mit der Aktivierungsenergie ansteigt, so

z. B. für die alkalische Hydrolyse substituierter Benzoesäureäthylester, die Hydrazonbildung substituierter Acetophenone, die Decarboxylierung substituierter Benzoesäuren oder die Zersetzung substituierter Harnstoffe. Die empirisch von Urry gefundene Aktivierungsenergie-Regel (vgl. S. 119) wird damit bestätigt. Es ist jedoch zu berücksichtigen, daß es sich bei den erwähnten Reaktionen zum Teil um Brutto-Isotopieeffekte handelt.

### *6.6.2. Stickstoff*

Das bekannteste Beispiel für einen $^{14}N/^{15}N$-Isotopieeffekt ist die Bildung von Phthalimid aus dem Phthalsäurediamid:

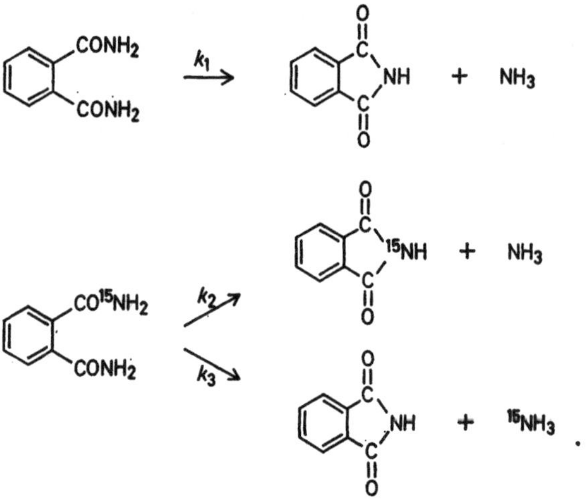


Für den intramolekularen Isotopieeffekt wurde $k_2/k_3 = 1{,}012$ und für den intermolekularen Isotopieeffekt $k_1/2k_3 = 1{,}006$ gemessen.

Die bisher bekannten experimentellen Werte für organisch-chemische Reaktionen haben 1,04 nicht überschritten. Lediglich für die Reduktion von Nitrat zu Ammoniak (alkalisch mit $Fe^{2+}$) wurde ein wesentlich höherer Isotopieeffekt gemessen: 1,075 ± 0,004 bei 25 °C.

Für die Wolff-Umlagerung (Umlagerung eines Diazomethylketons unter $N_2$-Abspaltung zu einem Keten, das mit einer Verbindung mit aktivem Wasserstoffatom zu einem Säurederivat reagiert) standen zwei Mechanismen zur Diskussion:

1. Langsame Bildung eines reaktionsfreudigen Zwischenkomplexes, der sich schnell umlagert, und

2.

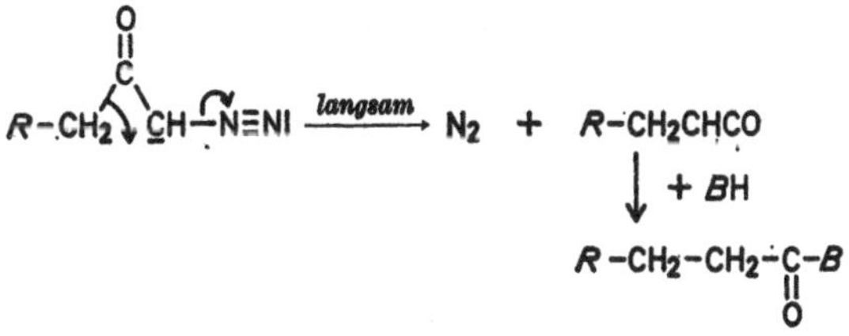


Fry wendete die „Successive labelling technique" an und erhielt mit $R = \alpha$-Naphthyl die folgenden Ergebnisse:

| | Isotop | Isotopieeffekte |
|---|---|---|
| α-Naphthyl–$CH_2$ | $^{14}C$ | (1,5 ± 0,5)% |
| O=C | $^{14}C$ | (0,3 ± 0,5)% |
| H–C | $^{14}C$ | (8,0 ± 0,5)% |
| ⊕N | $^{15}N$ | (3,8 ± 0,1)% |
| ⊖N | | |

Diese Ergebnisse sind nur mit dem zweiten Mechanismus vereinbar.

Auch an anderen Reaktionen von Diazo- und Azo-Verbindungen sowie an organischen Nitraten wurden $^{15}N$-Isotopieeffekte gemessen.

### 6.6.3. *Sauerstoff*

Für die Reduktion von $H_2{}^{16}O^{18}O$ durch $Fe^{2+}$, $Sn^{2+}$, $Cr^{2+}$ und $Cu^{2+}$ wurden von CAHILL und TAUBE $k_{16}/k_{18}$-Isotopieeffekte $= 1{,}073 \cdots 1{,}053$, für die Reduktion durch $Ti^{3+}$ 1,006 und für die Oxydation durch $Ce^{4+}$, $Cl_2$ und HOCl $1{,}013 \cdots 1{,}008$ gemessen. Ein anderes Beispiel aus der *anorganischen* Chemie ist der $^{18}O$-Isotopieeffekt bei der thermischen Zersetzung von $NH_4NO_3$.

Vielen hinsichtlich der erwarteten Aussage aussichtsreichen Untersuchungen in der *organischen* Chemie steht offenbar eine schwierige direkte Isotopenanalytik des Sauerstoffs hindernd im Wege. Eine der wenigen organischen Reaktionen, bei denen die Bestimmung des $^{16}O/^{18}O$-Isotopieeffektes zur Klärung des Reaktionsmechanismus beitrug, ist die Decarboxylierung des DIELS-ALDER-Adduktes aus Maleinsäureanhydrid und $\alpha$-Pyron [6]:

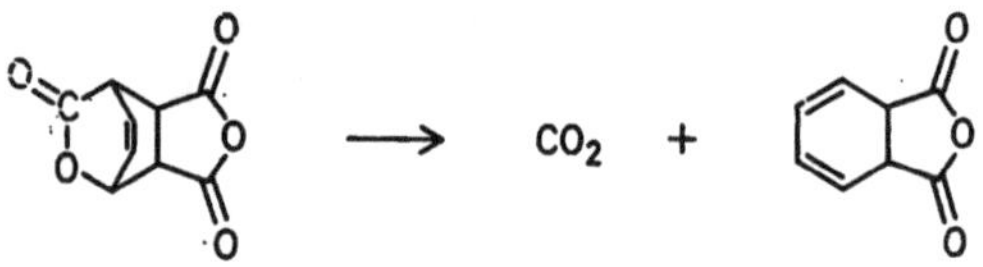


Obwohl $k_{16}/k_{18} = 1{,}014$ gemessen wurde, ergab der exakte Vergleich mit dem $^{12}C/^{13}C$-Isotopieeffekt $= 1{,}03$, daß die C–C-Bindung im Übergangszustand gebrochen wird, während die C–O-Bindung im wesentlichen intakt bleibt.

Einige weitere $^{16}O/^{18}O$-Untersuchungen sind für biochemische Reaktionen sowie für die Oxydation mit Peroxidicarbonat und für die Decarboxylierung von Chinaldinsäure bekannt geworden.

### *6.6.4. Schwefel*

Unter den Elementen, die schwerer als Kohlenstoff sind, steht der Schwefel hinsichtlich der Zahl der Isotopieeffekt-Studien an der Spitze. Neben Untersuchungen an anorganischen Schwefelverbindungen (z. B. die Reduktion des Sulfat-Ions) wurden Schwefel-Isotopieeffekte für die Eliminierung von Sulfoniumsalzen, für die nukleophile aromatische Substitution des Piperidins am Phenyl-2,4-dinitrophenylsulfon und für die Bromdesulfurierung aromatischer Sulfonate bekannt.

Ein besonders eindrucksvolles Beispiel für die Aufklärung eines Reaktionsmechanismus mit Hilfe der Schwefel-Isotopieeffekte ist die Untersuchung von BOURNS zur TSCHUGAJEW-Reaktion (Pyrolyse eines Xanthogensäureesters zum Mercaptan, Olefin und Kohlenoxisulfid):

In einem cyclischen Übergangszustand spaltet ein Schwefelatom ein $\beta$-Wasserstoffatom ab. Ob es sich dabei um den Thiol-Schwefel (*Mechanismus 1*) oder den Thion-Schwefel (*Mechanismus 2*) handelt, kann nur durch die Messung der für beide Schwefelatome auftretenden Isotopieeffekte entschieden werden.

*Mechanismus 1*:

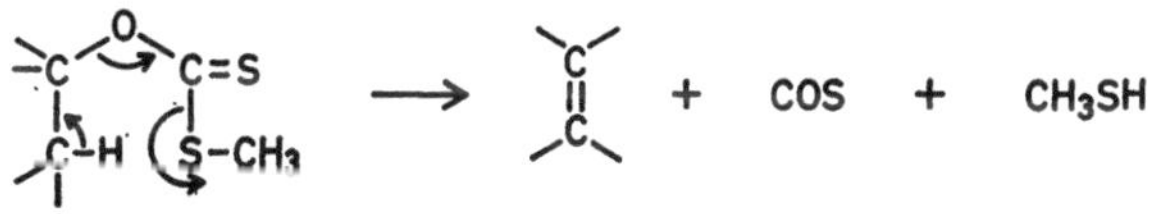

*Mechanismus 2*:

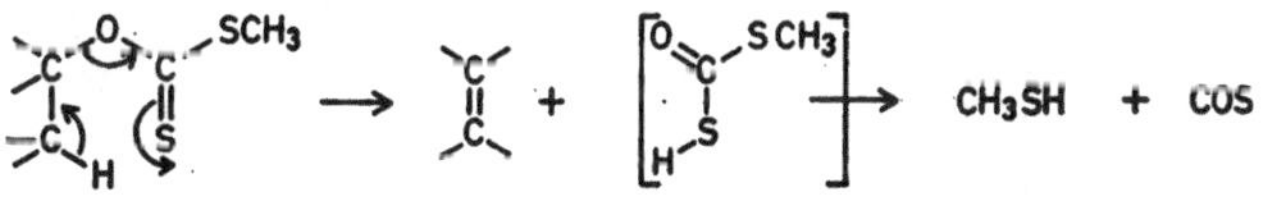

Für die TSCHUGAJEW-Reaktion von trans-2-Methyl-1-indanylxanthat (*I*) wurden folgende Schwefel-Isotopieeffekte gemessen:

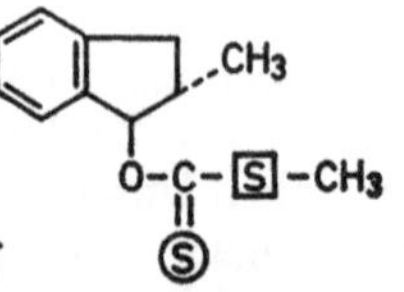


*I*

🅂 : 1,0021 ± 0,0007

Ⓢ : 1,0086 ± 0,0016.

Da der experimentelle Wert für Ⓢ mit dem theoretisch erwarteten Wert für den Übergang einer C=S-Beziehung in eine C—S-Beziehung (~ 0,7%) gut übereinstimmt, die Spaltung der C—🅂'-Bindung aber den 6fachen Wert vom experimentellen Ergebnis für 🅂 erwarten ließ, muß der Mechanismus 1 zugunsten von Mechanismus 2 ausgeschlossen werden. Zusätzlich wurden die $^{12}C/^{13}C$-Isotopieeffekte gemessen, die ebenfalls den Mechanismus 2 stützen.

### 6.6.5. *Elemente oberhalb der Ordnungszahl 16*

An Elementen, die schwerer als Schwefel sind, wurden nur vereinzelt reaktionskinetische Isotopieeffekte gemessen. Sie sollen hier deshalb erwähnt werden, weil sie Beispiele für eine hochentwickelte Experimentiertechnik darstellen, besonders bezüglich der Isotopenanalysen.

Als Beispiel für die feinen Differenzierungen, die auch bei den Isotopieeffekten der schwereren Elemente erreicht werden können, seien einige Chlor-Isotopieeffekte zitiert.

Aus dem vom Maximalwert weit entfernten experimentellen $k_{35}/k_{37}$-Isotopieeffekt (= 1,008) bei der Äthanolyse von tert.-Butylchlorid wurde z. B. der Schluß gezogen, daß das $Cl^-$-Ion im Übergangszustand stark solvatisiert ist. Die aus den Schwingungen des $Cl^-$ mit den Lösungsmittel-Molekülen resultierende Nullpunktsenergie im Übergangszustand führt dann zu dem relativ kleinen Meßwert.

FRY und Mitarbeiter konnten mit Hilfe des $^{35}Cl/^{37}Cl$-Isotopieeffektes die Reaktionen p-substituierter Benzylchloride

in zwei Gruppen teilen (Tab. 20):

$$\frac{k_{35}}{k_{37}} = 1{,}0078 \pm 0{,}0002 \quad \text{für den } S_N1\text{-Mechanismus,}$$

$$\frac{k_{35}}{k_{37}} = 1{,}0058 \pm 0{,}0002 \quad \text{für den } S_N2\text{-Mechanismus.}$$

In Verbindung mit $^{14}C$-Untersuchungen an dem gleichen System (Z—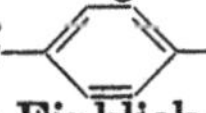—$^{14}CH_2Cl$ und $Y^- = {}^{14}CN^-$) erhielt man einen Einblick in die Natur des Übergangszustands. Auch für den Chlorisotopenaustausch wurde der Chlor-Isotopieeffekt untersucht.

Tabelle 20: *$k_{35}/k_{37}$-Isotopieeffekte für die Reaktion von (substituierten) Benzylchloriden mit verschiedenen nukleophilen Reagenzien in 80%igem wäßrigem Dioxan bei 30°C [21]*

| para-Substituent Z | Nukleophiles Reagens $Y^-$ | | |
|---|---|---|---|
| | $(H_2O)$ | $CN^-$ | $S_2O_3^{2-}$ |
| $CH_3O$ | 1,0078 | 1,0078 | 1,0081 |
| $CH_3$ | 1,0075 | 1,0079 | 1,0074 |
| H | 1,0078 | 1,0072 | 1,0064 |
| Cl | 1,0078 | 1,0062 | 1,0058 |
| $NO_2$ | 1,0076 | 1,0057 | 1,0058 |

Die dunklen Felder geben die Übergänge vom $S_N1$-Mechanismus (oben links) zum $S_N2$-Mechanismus (unten rechts) an.

Weitere Isotopieeffekte beim Isotopenaustausch wurden für $^{125}J/^{131}J$ (Methylenjodid/$J^-$) und für $^{57}Ni/^{65}Ni$ (Nickel-Tetramethyläthylendiamin/$Ni^{2+}$) gemessen. Für den zuletzt erwähnten Nickelisotopenaustausch wurde von Elias als reaktionskinetischer Isotopieeffekt der Rückreaktion $k_{57}/k_{65} = 1{,}0125 \pm 0{,}0029$ ermittelt. Vergegenwärtigt man sich den relativen Massenunterschied dieser beiden Nickelisotope, so ist der gemessene Wert nicht einmal besonders groß: $\frac{\Delta M}{\overline{M}} = \frac{8}{61} = 0{,}13$. Das entspricht etwa dem Massenverhältnis von $^{12}C/^{14}C$ und von $^{6}Li/^{7}Li$.

Weiterhin wurden reaktionskinetische Isotopieeffekte am Selen ($^{76}Se/^{82}Se$) und Brom ($^{80}Br/^{82}Br$) gemessen.

## 6.7. *Reaktionskinetische Isotopieeffekte in Forschung und Technik*

### 6.7.1. *Forschung*

#### 6.7.1.1. *Anwendung reaktionskinetischer Isotopieeffekte in der physikalischen und theoretischen organischen Chemie*

Die Forschung über reaktionskinetische Isotopieeffekte ist ein Teilgebiet der physikalischen organischen Chemie. Die Berechnungsversuche und das systematische Sammeln von Versuchsdaten, speziell die Ermittlung der Einflüsse verschiedener Parameter, gehören hierzu. Etwa seit dem Jahre 1949 sind die reaktionskinetischen Isotopieeffekte darüber hinaus zu einer Methode der Forschung geworden, etwa vergleichbar mit einer spektroskopischen Analysenmethode. Diejenigen Untersuchungen, bei denen die Messung eines Isotopieeffektes nicht Selbstzweck ist, sondern sich dem zu lösenden Problem der physikalischen oder theoretischen organischen Chemie unterordnet, sind seitdem in einer besonders starken Zunahme begriffen. Sie lassen sich zu den beiden Gebieten

*a*) Klärung von Reaktionsmechanismen
*b*) Beiträge zur Theorie des Übergangszustands

zusammenfassen.

*a*) Klärung von Reaktionsmechanismen

Kann ein Molekül auf unterschiedliche Weise mit ein und demselben Reagens reagieren, so interessiert den physikalischen organischen Chemiker, unter welchen Bedingungen der eine oder der andere *Reaktionsweg* bevorzugt ist. So kann z. B. in einem größeren Kohlenwasserstoff-Molekül ein Sauerstoff- oder Halogen-Angriff an mehreren C—H-Gruppen erfolgen. Eine nacheinander erfolgende Isotopensubstitution in den fraglichen Stellungen gibt durch die Größe des jeweils gemessenen Isotopieeffektes Aufschluß. Einige Beispiele sind auf den Seiten 111, 149 u. 155 angeführt. Für diesen Problemkreis sind Isotopieeffekte nicht das einzige Forschungsmittel. In vielen Fällen werden sie mit spektroskopischen Messungen kombiniert oder man begnügt sich überhaupt mit Produktanalysen.

Mit Produktanalysen oder Spektroskopie allein kommt man nicht zum Ziel, wenn für eine Umsetzung der *geschwindigkeitsbestimmende Schritt* ermittelt werden soll. In komplizierten Fällen sind ebenfalls mehrmalige Markierungen — unter Umständen auch mit Isotopen mehrerer Elemente — notwendig. Besonders gründlich und vielseitig wurde über den geschwindigkeitsbestimmenden Schritt innerhalb des Mechanismus der aromatischen Substitutionsreaktionen und der unter Beteiligung von Wasser verlaufenden Reaktionen gearbeitet. Dabei konnten z. B. Regeln über den Zusammenhang zwischen der Größe der gemessenen H/D-Isotopieeffekte und dem Reaktionstyp ($S_N1$, $S_N2$, ...) aufgestellt werden. Beispiele für solche Anwendungen des reaktionskinetischen

Isotopieeffekts wurden in den Abschnitten über die entsprechenden Reaktionen erwähnt (S. 100—159).

In einigen Fällen erhielt man auch durch die Messung des Isotopieeffektes einer Reaktion nach verschiedenen Methoden (Konkurrenzmethode und Methode der Messung unabhängiger Geschwindigkeitskonstanten, S. 144) tiefere Einblicke in das Reaktionsgeschehen.

Zur Zeit überwiegen noch die Untersuchungen mit Deuterium. Da aber den Isotopieeffekten bei Reaktionen schwererer Elemente ein umfangreiches, noch weitgehend unerschlossenes Anwendungsgebiet offen steht, ist mit einer starken Zunahme der Untersuchungen auf diesem Gebiete zu rechnen.

*b*) Beiträge zur Theorie des Übergangszustands

Seit den Arbeiten Westheimers wurde deutlich, daß die Größe des reaktionskinetischen Isotopieeffektes wesentliche Informationen über die Art und die Lage des Übergangszustands einer Reaktion geben kann. Da der Übergangszustand als letzter Moment, der die Bildung aller möglichen Reaktionsprodukte zuläßt, auch heute noch ein terra incognita der organischen Chemie ist, stellen Messungen und Berechnungen von Isotopieeffekten ein begehrtes Forschungsmittel dar.

Auf der Grundlage experimentell ermittelter Isotopieeffekte ist es z. B. möglich, direkt Aussagen über die *Symmetrie der Lage des Protons* im Übergangszustand von Protonenübergängen zu machen. Der Maximalwert des reaktionskinetischen H/D-Isotopieeffektes innerhalb einer homologen Reihe gibt diejenige Reaktion an, bei der der Übergangszustand die höchste Symmetrie aufweist (Abb. 17 u. 18, S. 121 u. 122).

Als Grundlage für die *Berechnung von Kraftkonstantenänderungen* sind experimentelle Werte der Isotopieeffekte das einzige Mittel, um lokale Eigenschaften des Übergangszustands zu ermitteln. Für die Charakterisierung des Übergangszustands komplizierterer Moleküle sind sehr viele experimentelle Daten über Frequenzen und

Isotopieeffekte verschieden markierter Ausgangsmoleküle notwendig. Tiefere Einblicke in die Eigenschaften dieser Übergangszustände werden künftig nur in enger Zusammenarbeit des Experimentators mit dem Theoretiker der Isotopieeffekte und dem Quantenchemiker zu gewinnen sein. So wird man durch *Computer-Experimente* (S. 40) die aus den Kraftkonstanten, Strukturparametern und Atommassen möglich erscheinenden Übergangszustände simulieren und die verschiedenen theoretischen Isotopieeffekte mit den experimentellen Ergebnissen des Chemielaboratoriums vergleichen müssen. Die Isotopieeffekte werden sich dabei als empfindlicher Test auf die Brauchbarkeit vorgegebener Modelle eines reagierenden Systems erweisen.

### 6.7.1.2. *Berücksichtigung von Isotopieeffekten bei Traceruntersuchungen und Vorarbeiten zur Isotopenanalyse*

Neben den Isotopieeffekten als einem Anwendungsgebiet der Isotope gibt es das umfangreiche Gebiet der *Tracertechnik*. Hier dienen die Isotope lediglich als Markierungsmittel, welches das Wiedererkennen bestimmter Atome oder Moleküle nach unübersichtlichen Umsetzungen oder Wanderungen ermöglichen soll. Bei diesen Tracer-Untersuchungen bleiben Isotopieeffekte im allgemeinen unbeachtet. Besonders bei Deuterium- und Tritium-Markierungen kann das jedoch zu falschen Schlußfolgerungen über den Mechanismus der untersuchten Reaktion führen. So kann eine durch das markierende Isotop ausgewiesene Nebenreaktion unterbewertet werden, weil dabei ein Isotopieeffekt wirksam wird, der einen höheren relativen Anteil der ohne Isotopieeffekt verlaufenden Hauptreaktion vortäuscht. In den meisten dieser Traceruntersuchungen mit Wasserstoffisotopen reicht eine qualitative Abschätzung des beteiligten Isotopieeffektes nicht aus, sondern es muß in einer getrennten Untersuchung der genaue Korrektionswert ermittelt werden.

Ein Beispiel ist die Ermittlung der relativen Reaktionsfähigkeit der verschiedenen Wasserstoffatome des Toluols mit Hilfe einer Tritiummarkierung [5]:

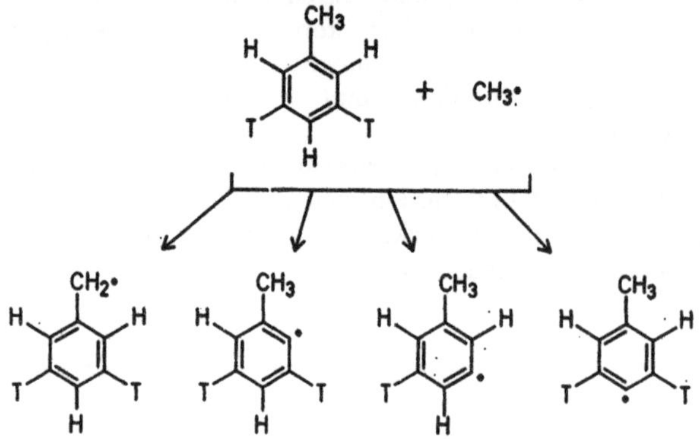

Die Tritium-Isotopieeffekte wurden dadurch berücksichtigt, daß die Tritiummarkierung nacheinander in allen unterscheidbaren Stellungen des Toluolmoleküls erfolgte. Es erscheint an dieser Stelle der vorliegenden Einführung fast überflüssig, auf die starken Verfälschungen hinzuweisen, die ein Ignorieren des Tritium-Isotopieeffektes mit sich gebracht hätte.

Bei Markierungsversuchen mit Isotopen schwererer Elemente sind die möglichen Verfälschungen der Ergebnisse durch reaktionskinetische Isotopieeffekte wesentlich geringer und können in vielen Fällen vernachlässigt werden. Für die Bestimmung von relativen Reaktionsfähigkeiten, z. B. mit Hilfe einer $^{14}C$-Markierung, müssen die Isotopieeffekte jedoch auch in Rechnung gestellt werden.

Zu schwerwiegenden Irrtümern kann das Vernachlässigen von Isotopieeffekten bei der Isotopenverdünnungsanalyse und anderen analytisch-chemischen Umarbeitungen markierter Substanzen führen. SIMON und PALM [7] geben zwei Beispiele für derartige Erscheinungen an, die sie „*analytische Isotopieeffekte*" nennen. Das erste Beispiel betrifft das Auskristallisieren von Mannose-[1-T]-phenylhydrazon aus wäßrigem Methanol, das mit $k_H/k_T = 1{,}12$ langsamer erfolgt als das der unmarkierten Verbindung. Als Ursache wird eine vorgelagerte geschwindigkeitsbestimmende Mutarotation vermutet. Diese Erscheinung ist deshalb beachtenswert, weil sie dem Lehrsatz vom „Umkristallisieren bis zur konstanten relativen Isotopenhäufigkeit bzw. Radioaktivität als Reinheitskriterium" entgegensteht.

Auch bei der Destillation können reaktionskinetische Isotopieeffekte wirksam werden, wie am Beispiel wäßriger Formaldehyd-[T]-Lösungen gezeigt wurde. Die Hydratisierung und Dehydratisierung des Formaldehyds ist durch $sp^3 \leftrightarrow sp^2$-Übergänge mit einem sekundären Isotopieeffekt behaftet, der eine geringere Flüchtigkeit des Formaldehyd-[T] bewirkt.

Bei Umsetzungen markierter organischer Verbindungen zur gasförmigen Meßprobe für die Isotopenanalyse treten — besonders bei den Wasserstoffisotopen — erhebliche Isotopieeffekte auf, sowohl bei elementaranalytischen Verbrennungen zu $CO_2$ und Wasser als auch bei einem definierten Abbau für positionelle Isotopenanalysen. Man begegnet den Verfälschungen im allgemeinen dadurch, daß man für eine quantitative Umsetzung sorgt. Ein nur 98%iger Umsatz führt unter Umständen bereits zu 10 ··· 20% Fehler. Bis zu 20% Fehler können bei einer Tritiummarkierung sogar schon durch sekundäre Isotopieeffekte auftreten, z. B. bei einer unvollständigen Derivatbildung von CHTO (Formaldehyd) mit Dimedon oder 2,4-Dinitrophenylhydrazin (Simon).

Liegen in einer Verbindung mehrere gleichwertige Wasserstoffatome vor, deren relative Isotopenhäufigkeit im Sinne einer positionellen Isotopenanalyse bestimmt werden soll, z. B. eine $CD_2$-Gruppe neben aromatisch gebundenem Wasserstoff, so sind solche Abbau- oder Derivatbildungs-Reaktionen zu vermeiden, die nicht alle gleichwertigen Atome erfassen. Die anderenfalls wirkenden intramolekularen Isotopieeffekte verschwinden auch dann nicht, wenn die Reaktion formal an einem dieser Atome quantitativ verläuft. Da das leichtere Isotop schneller reagiert, erhält man durch die Isotopenanalyse am Abbauprodukt oder Derivat eine zu geringe relative Häufigkeit für das schwerere Isotop.

Abschließend sei daran erinnert, daß neben reaktionskinetischen Isotopieeffekten auch thermodynamische und physikalisch-kinetische Isotopieeffekte das Ergebnis von Traceruntersuchungen oder von analytisch-chemischen Umarbeitungen markierter Substanzen verfälschen können (Destillation, Umkristallisation, Chromatographie u. ä.).

## *6.7.2. Technik*

### *6.7.2.1. Nutzung reaktionskinetischer Isotopieeffekte zur Anreicherung stabiler Isotope*

Wie in den Kapiteln 4. und 5. gezeigt wurde, beruhen nahezu alle technisch genutzten Methoden zur Gewinnung stabiler Isotope auf physikalisch-kinetischen und thermodynamischen Isotopieeffekten. Vereinzelt werden auch reaktionskinetische Isotopieeffekte zur Anreicherung stabiler Isotope ausgenutzt, besonders zur Gewinnung von Deuterium.

Für die Trennung der Wasserstoffisotope übertrifft der elementare Trennfaktor bei der *Wasserelektrolyse* ($\alpha \leq 10$) denjenigen thermodynamischer Verfahren beträchtlich. Das Verfahren der $D_2O$-Anreicherung durch kathodische Wasserstoffabscheidung ist dennoch im allgemeinen nur dann wirtschaftlich, wenn das $D_2O$ als Nebenprodukt der Erzeugung von Elektrolytwasserstoff anfällt; denn für die Elektrolyse von 1 t Wasser werden ca. 5000 ··· 6000 kWh Elektroenergie benötigt. Anders ist es in Ländern mit billiger Elektroenergie (z. B. Norwegen), in denen der

Wasserstoff durch Verbrennung zu Wasser in den Kreislauf zurückgeführt wird. Dabei wird Wärme frei, die erst sekundär wieder in Elektroenergie umgewandelt werden kann. Man strebt deshalb die elektrochemische Oxydation des Wasserstoffs zu Wasser an, um aus dem Wasserstoff direkt Elektroenergie zurückzugewinnen.

Auch für die Isotope $^{7}Li$, $^{14}C$ und $^{18}O$ wurden Methoden zur Anreicherung durch elektrolytische reaktionskinetische Isotopieeffekte ausgearbeitet. Dabei wird wie beim Wasser die Kumulierung mehrerer Einzelschritt-Isotopieeffekte (u. a. in der Ionenwanderungsgeschwindigkeit) zu einem großen Brutto-Isotopieeffekt ausgenutzt. Für die HCOONa/HCOOH-Elektrolyse wurden schon elementare Trennfaktoren des $^{12}C/^{14}C$ bis 1,72 erzielt.

Im weiteren Sinne beruht auch die sog. *photochemische Isotopentrennung* auf einem reaktionskinetischen Isotopieeffekt: Ein photosensibilisierbares Isotopengemisch (z. B. Quecksilber) wird mit Licht einer solchen Frequenz angeregt, die nur von einem der Isotope absorbiert wird (z. B. von $^{196}Hg$). Dieses Isotop reagiert dann bevorzugt mit seiner Umgebung (z. B. mit Sauerstoff oder Wasser) und ist im Reaktionsprodukt angereichert.

### *6.7.2.2. Nutzung reaktionskinetischer Isotopieeffekte zur Veredelung industrieller Erzeugnisse*

Der Gebrauchswert vieler industrieller Erzeugnisse wird durch deren Beständigkeit gegenüber Alterungseinflüssen bestimmt. Der geschwindigkeitsbestimmende Schritt zahlreicher Reaktionen, die eine solche Alterung bedingen, ist die Spaltung einer C—H-Bindung. Es kann sich dabei um eine oxydative, aber auch um eine thermische, photolytische oder radiolytische Zerstörung der Substanz handeln. Eine eigene Industrie befaßt sich mit der Herstellung der verschiedensten Arten von Alterungsschutzmitteln (Antioxydantien, Lichtstabilisatoren, Strahlungsschutzmittel).

Eine Methode zur Erhöhung der Oxydationsstabilität organischer Stoffe ist die Substitution des Wasserstoffs durch Fluor. Trotz aller Erfolge mit beiden Stabilisierungsmethoden bestehen Forderungen hinsichtlich einer noch besseren Alterungscharakteristik: Es gibt Stoffe, bei denen der Alterungsschutz selbst unter Zusatz komplizierter „Additivpakete" unzureichend ist, eine Fluorierung aber nicht möglich ist, weil dadurch neben der Alterungsneigung auch andere — z. B. mechanische — Eigenschaften verändert werden (z. B. der Übergang vom plastisch verformbaren Polyäthylen zum Polytetrafluoräthylen).

Substituiert man den Wasserstoff nicht durch ein anderes Element, sondern „nur" durch sein hoch angereichertes Isotop Deuterium, so werden nur diejenigen Eigenschaften des Ausgangsstoffes in meßbarem Umfange verändert, die direkt auf der Spaltung der betreffenden Kohlenstoff—Wasserstoff-Bindung beruhen, genauer gesagt, es werden nur die Geschwindigkeiten der Änderung dieser Eigenschaften verändert. Wie im Abschnitt 6.3.2. gezeigt wurde, können aber gerade diese spezifischen Eigenschaftsänderungen in der Form von H/D-Isotopieeffekten beträchtliche Größen erreichen.

Mit der gezielten Nutzung des reaktionskinetischen Isotopieeffektes zur *Erhöhung der Lebensdauer industrieller Erzeugnisse* befaßt sich eine noch junge Arbeitsrichtung der Isotopenchemie. Um das neue Gebiet zu erschließen, wurden zunächst für verschiedene Alterungsreaktionen *Beispiele* untersucht.

Zur Charakterisierung der erzielbaren Verbesserung der Beständigkeit eines Industrieproduktes wurde in der Abb. 20 ein deuteriertes Weißöl dem undeuterierten gegenübergestellt. Das Weißöl mit 60,7 Atom-% Deuterium (Mitte) ist dem undeuterierten, aber ansonsten gleichartig vorbehandelten Weißöl (rechts) nach übereinstimmenden Alterungen (49 Stunden bei 120 °C reinem Sauerstoff ausgesetzt) deutlich überlegen und unterscheidet sich praktisch nicht vom frischen Öl. Diese

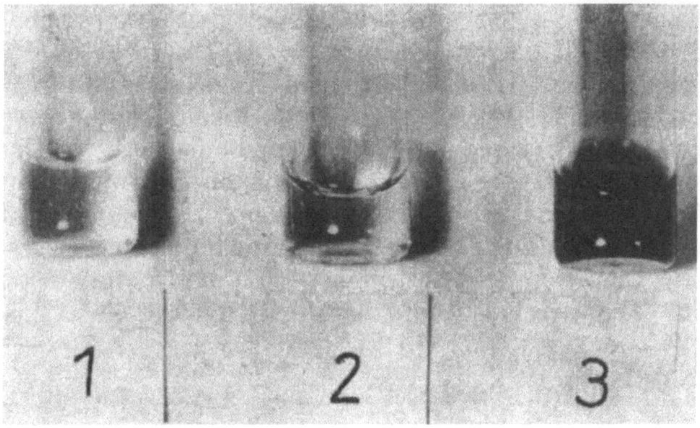


Abb. 20: Alterung von Weißöl.
*1* – frisches Weißöl; *2* = gealtertes deuteriertes Weißöl (60,7 Atom-% D); *3* = gealtertes undeuteriertes Weißöl.

Überlegenheit des deuterierten Weißöls äußert sich natürlich nicht nur in der Farbe, sondern auch in anderen Alterungscharakteristika, wie Viskosität und Sauerstoffaufnahme.

Zu den *Grundlagenuntersuchungen* zur Nutzung des H/D-Isotopieeffektes im oben geschilderten Sinne gehören folgende Teilgebiete:

1. **Einfluß der Molekülstruktur auf die Größe des Isotopieeffektes**
2. **Einfluß der Stellung des Deuteriums im Molekül**
3. **Einfluß herkömmlicher Alterungsschutzmittel.**

Dabei interessieren in erster Linie solche Isotopieeffekte, die im Ergebnis einer vollständigen Reaktion auftreten oder im Gefolge mehrerer aufeinanderfolgender Reaktionen, die insgesamt für den Alterungsprozeß verantwortlich sind (Brutto-Isotopieeffekte). Da der erzielbare Nutzen dem Zahlenwert solcher Isotopieeffekte proportional ist, werden sehr große Isotopieeffekte angestrebt.

Bestimmte Molekülstrukturen sind eine der Voraussetzungen für das Auftreten sehr großer Isotopieeffekte.

Kommen in einem größeren technologisch interessierenden Molekül mehrere Stellen (z. B. $CH_2$-Gruppen) für eine wertmindernde Abbaureaktion in Frage, so muß untersucht werden, welche C—H-Gruppen einer Deuterierung bedürfen. So stand für das Schmierölmodell Bernsteinsäuredibenzylester nicht von vornherein fest, welche der $CH_2$-Gruppen am stärksten einem Sauerstoffangriff unterliegen. Eine Entscheidung wurde durch eine sukzessive Deuterierung herbeigeführt [30]. Die Isotopieeffekte für die unterschiedlich deuterierten Ester betragen ($T$ = 191 °C):

$C_6H_5$-$CH_2$-OOC-$CD_2CD_2$-COO-$CH_2$-$C_6H_5$ (*I*) 1,0

$C_6H_5$-$CD_2$-OOC-$CH_2CH_2$-COO-$CD_2$-$C_6H_5$ (*II*) 4,3.

Der Isotopieeffekt für die Autoxydation des Bernsteinsäuredibenzylesters-[$D_8$] ($C_6H_5$—$CD_2$—OOC—$CD_2CD_2$—COO—$CD_2$—$C_6H_5$; *III*) stimmt mit dem Isotopieeffekt für Verbindung *II* nahezu überein (4,6). Somit genügt es, die durch Formel *II* bezeichnete partielle Deuterierung vorzunehmen.

Wie bereits ausgeführt wurde (S. 111), kann der Sauerstoffangriff auch unspezifisch erfolgen (z. B. bei langen n-Alkylketten). Um eine maximale Stabilisierung zu erzielen, müssen in solchen Fällen alle Wasserstoffatome durch Deuterium substituiert werden.

Schließlich ist für die Nutzung von Isotopieeffekten zur Stabilisierung von Gebrauchsgütern noch der Einfluß herkömmlicher Alterungsschutzmittel von allgemeinem Interesse, da ja die Deuterierung als Methode der Stabilisierung *nicht anstelle* der Stabilisierung durch Additiva, *sondern zusammen* mit dieser altbewährten Methode eingesetzt werden soll.

Durch eine Deuterierung von Antioxydantien wird deren Wirkung verlangsamt. Deuteriert man hingegen den zu schützenden Stoff (Öl, Plastwerkstoff) und setzt undeuterierte Antioxydantien zu, so beobachtet man in jedem Falle eine Addition beider Stabilisierungswirkungen, in einigen Fällen sogar eine unerwartete Potenzierung des Stabilisierungseffektes. So wird z. B. für die Autoxydation von Bernsteinsäuredibenzylester die Inhibitionszeit (Zeit ohne meßbare Sauerstoffaufnahme) um den Faktor 40 verlängert, wenn man anstelle von undeuteriertem Ester + Inhibitor den deuterierten Ester mit der gleichen Inhibitormenge einsetzt. Die Geschwindigkeitsverhältnisse der Sauerstoffaufnahme bleiben in diesem Falle vom Inhibitorzusatz unbeeinflußt (Abb. 21, oberes Schema). In anderen Fällen wird neben der Verlängerung der Inhibitionszeit auch noch eine weitere Verringerung der Geschwindigkeit der Sauerstoffaufnahme bewirkt (Abb. 21, unteres Schema).

Von Anfang an mußte bei diesen Arbeiten die *Wirtschaftlichkeit* im Falle einer technischen Realisierung beachtet werden. Beim verhältnismäßig hohen Preis des Deuteriums kann diese Stabilisierungsmethode nur dort angewendet werden, wo der hohe Aufwand durch einen

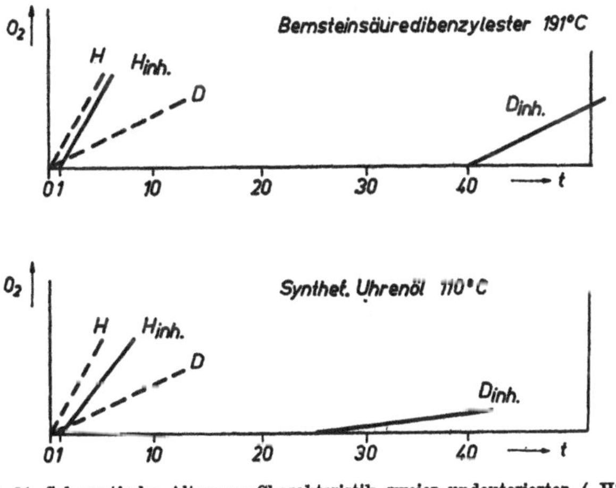


Abb. 21. Schematische Alterungs-Charakteristik zweier undeuterierter („H") und deuterierter („D") Substanzen in Abwesenheit (– – – – – –) und in Anwesenheit (————) eines herkömmlichen Oxydationsinhibitors [30].

noch höheren Nutzen gerechtfertigt wird. Dies trifft beispielsweise auf das synthetische Uhrenöl „Deuterosynt" zu. Die Deuterierung wird sich auch künftig auf einige Spezialprodukte beschränken, die bereits in undeuterierter Form einen hohen Grad der Vervollkommnung und Veredelung erreicht haben und höchsten Anforderungen gerecht werden sollen.

# 7. Isotopieeffekte in den Biowissenschaften

Versteht man ein biologisches System als Reaktor, so ist zu bedenken, daß dort im Gegensatz zu einem chemischen Reaktor sehr viel mehr Einflüsse unterschiedlicher Natur gleichzeitig wirksam sind. Entsprechend kompliziert muß man sich auch ein Zusammenwirken von physikalisch-kinetischen, thermodynamischen und reaktionskinetischen Isotopieeffekten vorstellen. Dazu kommen komplexe Isotopieeffekte in der Morphologie und Genese, deren Rückführung auf elementare physikalische und chemische Isotopieeffekte nicht ohne weiteres möglich ist. Der komplexe Charakter biologischer Vorgänge erschwert das Verständnis und die Deutung oder gar theoretische Voraussage der Größe von Isotopieeffekten. Der größere Teil der Arbeiten über Isotopieeffekte in den Biowissenschaften hat demzufolge nur phänomenologischen Charakter (Abschnitte 7.2 und 7.3.). Eine Ausnahme bilden isolierte Enzymreaktionen (in vitro), bei denen Isotopieeffekt-Messungen zum Teil verhältnismäßig übersichtliche Deutungen erlaubten und vielfach zur Klärung von Reaktionsmechanismen führten.

## *7.1. Isotopieeffekte in Enzymreaktionen*

Für eine in vitro verlaufende enzymatische Reaktion kann entweder das Substrat oder das Lösungsmittel isotop modifiziert werden. Bevorzugt sind dabei die Wasserstoffisotope. Isotopieeffekte können für die MICHAELIS-konstante $K_M$, in der Initialgeschwindigkeit $v_i$ oder in der Maximalgeschwindigkeit $V$ ermittelt werden. Einer neueren Übersicht von SIMON und PALM zufolge befassen sich die meisten Arbeiten mit H/D-Isotopieeffekten bei Wasserstoff-Übertragungen durch Oxidoreduktasen und Isomerasen.

Die H/D-Isotopieeffekte in den Initial- und den Maximalgeschwindigkeiten liegen in der Regel bei 1,5 ··· 3,0, in Ausnahmefällen auch wesentlich höher (bis 10,5). Sie liegen damit etwas niedriger als die Isotopieeffekte in der organischen Chemie, offenbar durch vorgelagerte Gleichgewichte und weitere von der MICHAELIS-MENTEN-Kinetik vorgegebene Zusammenhänge bedingt

$$\left(\text{z. B.} \quad v_i = \frac{V}{1 + \dfrac{K_M}{[S]}}; \quad [S] = \textit{Substratkonzentration}\right).$$

Für die MICHAELIS-Konstante liegen die H/D-Isotopieeffekte zwischen 0,5 und 2,3. $\frac{(K_M)_H}{(K_M)_D}$-Werte $> 1$ bedeuten eine festere Bindung des deuterierten Substrats am Enzym. Im allgemeinen sind die Isotopieeffekte größer als die der Gleichgewichtskonstanten in der anorganischen und organischen Chemie.

Isotopieeffekt-Messungen an Enzymreaktionen haben bereits in zahlreichen Fällen wichtige Einblicke in den Wirkungsmechanismus verschiedener Enzyme ermöglicht. So erhält man aus Isotopieeffekten für die MICHAELIS-Konstante Hinweise auf das aktive Zentrum im Enzym, an welches das Substrat gebunden wird. Zum Teil durch eine Kombination mehrerer Isotopieeffekt-Messungen erhielt man Beweise für intramolekulare Protonenwanderungen, für Spaltungen und über stereospezifische Verhaltensweisen.

Als Beispiel sei eine Arbeit von ROSE und MÜLLHOFER zur Klärung verschiedener Teilschritte der Ribulosediphosphat-Carboxylase-Reaktion wiedergegeben [7]. Durch Doppelmarkierung mit $^{14}C$ und mit D und eine unabhängige Markierung mit T sowie Messung der reaktionskinetischen H/D- und H/T-Isotopieeffekte wiesen die Autoren nach, daß die Carboxylierung am C-2-Atom und nicht am C-4-Atom des Ribulosediphosphats (*1*) erfolgt, bevor zu 3-Phosphoglycerinsäure (*2*) gespalten wird, und daß die $H^+$-Abspaltung am C-3-Atom von (*1*) der geschwindigkeitsbestimmende Schritt der Bruttoreaktion ist.

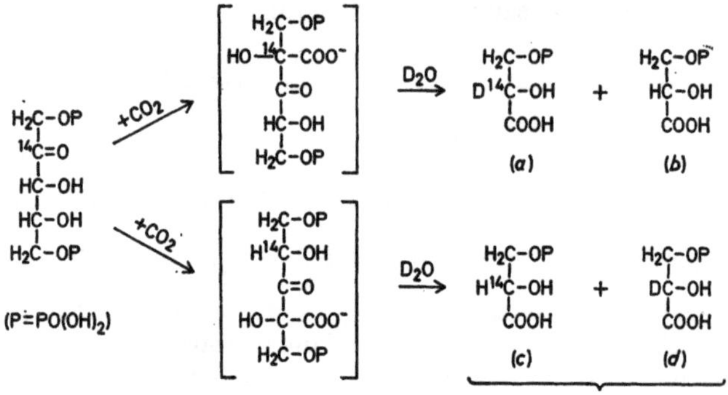


(*1*) (*2*)

Ribulose-[2-$^{14}$C]-1,5-diphosphat wurde in $D_2O$ gespalten. Nur 3-Phosphoglycerinsäure-[2-$^{14}$C-2-D] (*2a*) konnte den für die Bildung von $^{14}$C-Glykolsäure gemessenen H/D-Isotopieeffekt = 2,5 ergeben. Ribulose-[3–T]-1,5-diphosphat ergab für die Carboxylierung den H/T-Isotopieeffekt 4 ··· 6.

In anderen Fällen führten auch Messungen von $^{12}C$/$^{13}C$- oder $^{12}C$/$^{14}C$-Isotopieeffekten zu Aussagen über den Mechanismus von Enzymreaktionen.

## *7.2. Die physiologische Wirkung nicht-natürlicher isotoper Zusammensetzungen der Elemente* [10]

Abgesehen von bestimmten kernphysikalischen Eigenschaften der Isotope (z. B. die Kernstrahlung radioaktiver Nuklide oder der Neutroneneinfangsquerschnitt der Borisotope) wird die Physiologie von Menschen, Tieren und Pflanzen am stärksten durch die schweren Wasserstoffisotope beeinflußt. Am gründlichsten untersucht wurde der Einfluß von $D_2O$. Dessen Einfluß ist am stärksten bei den hoch organisierten Lebewesen. So liegt die Grenze für das Überleben von Tieren oder entsprechenden Gewebekulturen bei etwa 30 Atom-% D im Körperwasser, von höheren Pflanzen bei etwa 70 Atom-% D. Nach den aus der Chemie bekannten Definitionen entspricht das einem unendlich großen Isotopieeffekt. Unterhalb der angegebenen Grenzen des Überlebens sind die Lebenstätigkeiten bereits unterschiedlich stark beeinträchtigt.

Die Entwicklung schnell teilender Zellen (z. B. in Fetussen) wird z. B. bereits durch 15 Atom-% D im Trinkwasser gravider Mäuse gehemmt.

Die Mitose und die Zellstreckung werden durch $D_2O$ vollständig gehemmt. Lediglich bei einigen Bakterien, Pilzen, Hefen und Algen gelang deshalb — nach einer anabiotischen Phase, bei Escherichia coli z. B. von 1 Tag — eine Adaption an $D_2O$. Auch $H_2{}^{18}O$ führt zu einer — wesentlich geringeren — Hemmung des Wachstums und der Zellteilung. Bei der Rückführung der Organismen in Wasser natürlicher isotoper Zusammensetzung treten die gleichen anabiotischen Erscheinungen noch einmal auf.

Da die Zellteilung durch $D_2O$ im Stadium der Metakinese unterbrochen wird, kann in entsprechenden Zellkulturen dieses Stadium angereichert werden. Nach der Rückführung in $H_2O$ entwickeln sich die Zellen normal weiter. Eine in diesem Moment erfolgende Virus-Infizierung führt zu einem starken Anstieg des Viren-Titers im Vergleich zum Kontrollversuch. Die Auswertung dieses Versuchs ergab, daß die Viren ihre Wirtszellen bevorzugt im Metaphase-Stadium befallen.

Andere Untersuchungen in $D_2O$ zeigten, daß neben den im Abschnitt 7.1. skizzierten Isotopieeffekten in Enzymreaktionen und den Zellteilungs- und Wachstumsstörungen auch in der Plasmaströmung, den Membranpotentialen und der Reizleitungsgeschwindigkeit Isotopieeffekte auftreten.

Eine vollständige Substitution des Kohlenstoffs durch $^{13}C$ und des Stickstoffs durch $^{15}N$ ergab für Mikroorganismen keine nachweisbare Störung des Stoffwechsels.

## 7.3. *Isotopenfraktionierungen im Stoffwechsel*

In einem Milieu mit der natürlichen relativen Häufigkeit der Isotope werden die Isotope Deuterium und $^{18}O$ im Körperwasser von Tieren und Pflanzen gegenüber der Umgebung schwach (um ca. 0,001 ··· 0,004 Atom-%) angereichert. Einer höheren Anreicherung steht unter anderem der rasche Isotopenaustausch entgegen. Bei der Photosynthese reichert sich $^{16}O$ im Körper an. Ebenso ist jedoch $^{16}O$ auch bei der Abatmung bevorzugt.

Isotopieeffekte des Stickstoffs und Kohlenstoffs führen im Körper zu relativen Häufigkeiten des $^{15}N$, $^{13}C$ und $^{14}C$, die leicht über denen der Umgebung liegen (nur durch hochempfindliche Analysengeräte nachweisbar). Sowohl Pflanzen als auch Tiere erzielen eine meßbare Stickstoffisotopenfraktionierung. Bei Tieren ist die relative Häufigkeit der Stickstoffisotope sogar nach einzelnen Organen differenzierbar (z. B. fand man in der Rattenleber 0,370, im Blut 0,373 und in den Haaren 0,379 Atom-% $^{15}N$ gegenüber 0,365 in der Umgebung).

Die Fraktionierung der Kohlenstoffisotope ist ähnlich signifikant und z. B. nach Pflanzenarten unterschiedlich. Die Kenntnis dieser Isotopieeffekte ist von großem Nutzen für die geologische Forschung (Kap. 8.).

# 8. Isotopieeffekte in den Geowissenschaften

Die natürliche isotope Zusammensetzung der Elemente ist nicht konstant sondern variiert innerhalb enger Grenzen. Diese natürlichen isotopen Variationen sind die Folge geologischer, hydrologischer und kosmischer Prozesse, in deren Verlauf verschiedenartige Isotopieeffekte Isotopenfraktionierungen bewirkten. Neben Isotopieeffekten in physikalischen, chemischen und biologischen Vorgängen haben bei einigen Elementen auch Kernreaktionen zu isotopen Variationen geführt. Auch wenn man von diesen Kernreaktionen absieht, sind die Isotopenfraktionierungen in der Geosphäre, Hydrosphäre und Atmosphäre in den meisten Fällen auf ein noch komplizierteres Zusammenwirken einzelner Isotopieeffekte zurückzuführen als die in der Biosphäre beobachteten Bruttoeffekte: Die durch den biologischen Kreislauf verschiedener Elemente erfolgte Fraktionierung ihrer Isotope wird noch von geophysikalischen und geochemischen Vorgängen überlagert. So können neben Lösung, Kristallisation, Verdunstung, Kondensation und Diffusion auch Isotopenaustauschprozesse und chemische Umsetzungen zur Isotopenfraktionierung beitragen. Dem stehen Mischungsvorgänge entgegen, die einmal erzielte Fraktionierungen wieder aufheben können.

Im folgenden sollen für einige Elemente Ausmaß, geowissenschaftliche Anwendung und — soweit bekannt — Ursachen der isotopen Variationen kurz charakterisiert werden.

*Wasserstoff*

Die von den physikalisch-chemischen Isotopieeffekten her erwartete starke Fraktionierung der Wasserstoffisotope beim Kreislauf des Wassers in der Natur äußert sich beispielsweise im Unterschied zwischen dem relativ niedrigen Deuterium-Gehalt von Frischwasser (Niederschläge, Quellwasser: bis 0,0133 Atom-% D) und dem relativ hohen Deuteriumgehalt von Ozeanwasser (bis 0,0156 Atom-% D). Dieses Fraktionierungsgleichgewicht bleibt trotz des raschen Isotopenaustausches des Wasserstoffs aufrechterhalten. Isotopieeffekte in Isotopenaustausch-Gleichgewichten sowie in Verdunstungs-, Kondensations- und Diffusionsgeschwindigkeiten sind dafür verantwortlich.

*Kohlenstoff*

Die natürlichen Variationen der Kohlenstoffisotope sind ein viel benutztes Arbeitsmittel zur Klärung der Genese von Gesteinen, Mineralien, Erdöl, Erdgas und Kohle. Anstelle der relativen Häufigkeit eines Kohlenstoffisotops wird oft das $^{12}C/^{13}C$-Verhältnis angegeben (das von ca. 88 bis ca. 94 variieren kann) bzw. der sog. $\delta$-Wert, der die Abweichung in Promille von einem willkürlich als Standard gewählten $^{13}C/^{12}C$-Verhältnis angibt:

$$\delta\,^{13}C = \frac{(^{13}C/^{12}C)_{\text{Probe}} - (^{13}C/^{12}C)_{\text{Standard}}}{(^{13}C/^{12}C)_{\text{Standard}}} \cdot 1000\ [^0/_{00}].$$

In der Abb. 22 wurden Bereich und Mittelwert sehr vieler $\delta\,^{13}C$-Messungen für verschiedene natürliche Kohlenstoffvorkommen zusammengestellt.

Die $\delta$-Werte der Erdöle liegen jeweils um ca. $10^0/_{00}$ niedriger (d. h., die relative $^{13}C$-Häufigkeit ist niedriger) als die der Lebewesen, aus denen sie entstanden sind. Einzelheiten über die zugrundeliegenden Isotopieeffekte sind noch umstritten.

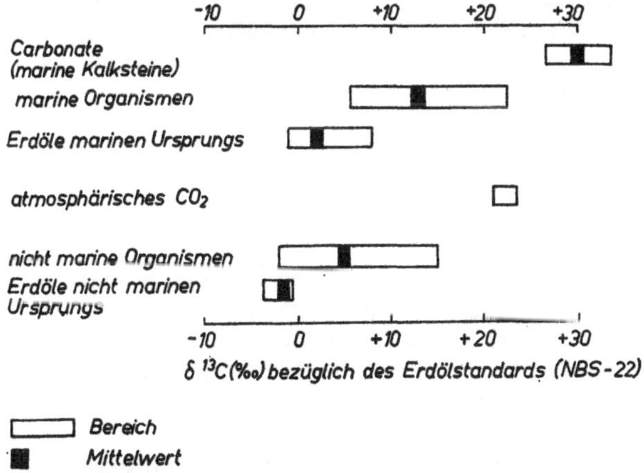


Abb. 22: $^{13}C/^{12}C$-Bereiche verschiedener natürlicher Kohlenstoffvorkommen [40].
Bereich
Mittelwert
Der Petroleumstandard NBS-22 liegt um 29,4‰ niedriger als der Peedee Belemniten-Standard der Universität Chicago.

Als Beitrag zur Klärung der Erdöl-Genese hat man unter anderem aus Vergleichen der $\delta$-Werte mit der optischen Aktivität einzelner Fraktionen von Erdöldestillaten abgeleitet, daß nur ein kleiner Anteil unveränderte Moleküle sind (Maximum der optischen Aktivität, Minimum des $\delta$-Wertes), während sowohl einfachere als auch kompliziertere Moleküle des Öls Sekundärprodukte sind. Das äußert sich im Verlust der optischen Aktivität und — auf Grund von zusätzlich wirkenden Isotopieeffekten — im Anstieg der $\delta$-Werte nach niedrigen und nach hohen Molekulargewichten hin [40].

In vielen Fällen werden die Aussagen aus den $\delta$-Werten dadurch erschwert, daß zu viele Faktoren unbekannt sind und man auf Spekulationen angewiesen ist. Man versucht dann in Modellen bestimmte Isotopieeffekte zu eliminieren. So wurde beispielsweise die Erdgas-Migration in 40 Meter langen quasi-gaschromatographischen Säulen nachgeahmt, um aus den beobachteten Kohlenstoffisotopen-Fraktionierungen Grundlagen für Aussagen über den Zusammenhang zwischen dem $\delta$-Wert und der Vorgeschichte des Erdgases zu gewinnen.

*Sauerstoff*

Der Kreislauf des Sauerstoffs und des Wassers in der Natur hat durch die dabei wirksamen Isotopieeffekte zu einem $^{16}O/^{18}O$-Verhältnis im atmosphärischen Sauerstoff von 489,2 und im frischen Oberflächenwasser von 503,7 geführt.

In bestimmten Fällen konnte die Entstehung von Mineralien oder die Herkunft von Quellwässern durch den Vergleich der $^{16}O/^{18}O$-Verhältnisse und ihre Beziehung zu Austauschvorgängen und Isotopieeffekten geklärt werden.

Die Temperaturabhängigkeit des thermodynamischen Isotopieeffektes für das Austauschgleichgewicht

$$3\,H_2{}^{18}O + C^{16}O_3^{2-} \rightleftharpoons 3\,H_2{}^{16}O + C^{18}O_3^{2-}$$

bildet die Grundlage des sog. *Carbonat-Thermometers* zur Bestimmung von Paläotemperaturen. Da die Gleichgewichtskonstante bei 0 °C $K = 1{,}0220$ und bei 25 °C $K = 1{,}0176$ beträgt, ist der $^{18}O$-Gehalt im Carbonat unter sonst gleichen Bedingungen mit jedem Grad Temperaturerhöhung um 0,0176% geringer. Aus dem $^{18}O$-Gehalt geologisch abgelagerten (und voraussetzungsgemäß dann nicht mehr austauschfähigen) Carbonats kann man somit auf die Wassertemperatur zum Zeitpunkt der Ablagerung schließen. So konnte man z. B.

über einen im Erdzeitalter Jura entstandenen Belemnit (Donnerkeil), der „Jahresringe“ aufwies, folgende verblüffende Aussage treffen:

Lebensalter 4 Jahre, Tod im Frühling, zu Lebzeiten des Tieres war die Sommertemperatur des Wassers 21 °C und die Wintertemperatur 15 °C. Eine mögliche Fehlerquelle dieser Methode ist der $^{18}O$-Gehalt des Meerwassers in jener Zeit. Durch die Kombination des Carbonat-Thermometers mit Sulfat- und Phosphat-Thermometern und deren temperaturabhängigen Isotopieeffekten kann man diesem Nachteil begegnen.

### *Schwefel*

Aus Messungen der $^{32}S/^{34}S$-Verhältnisse an Schwefelproben verschiedener Herkunft schließt man auf die Existenz eines Ur-Schwefels konstanter isotoper Zusammensetzung, der vor etwa 800 Mill. Jahren beginnend und seit etwa 350 Mill. Jahren mit zunehmender Geschwindigkeit einer Isotopenfraktionierung unterworfen ist (Abb. 23).

Im sedimentären Sulfat ist $^{34}S$ im allgemeinen gegenüber sulfidischem und elementarem Schwefel angereichert. Außer geologischen Fraktionierungsprozessen hat auch der biologische Kreislauf des Schwefels zur Fraktionierung seiner Isotope beigetragen. Die in der Abb. 23 dargestellte Beziehung kann dazu dienen, die Entstehungszeit sedimentären Schwefels zu bestimmen (*Geochronologie*).

### *Durch Kernreaktionen hervorgerufene isotope Variationen*

Obwohl die soeben besprochene Isotopenfraktionierung durch physikalische, chemische und biologische Prozesse bei den schwereren Elementen nur noch sehr kleine

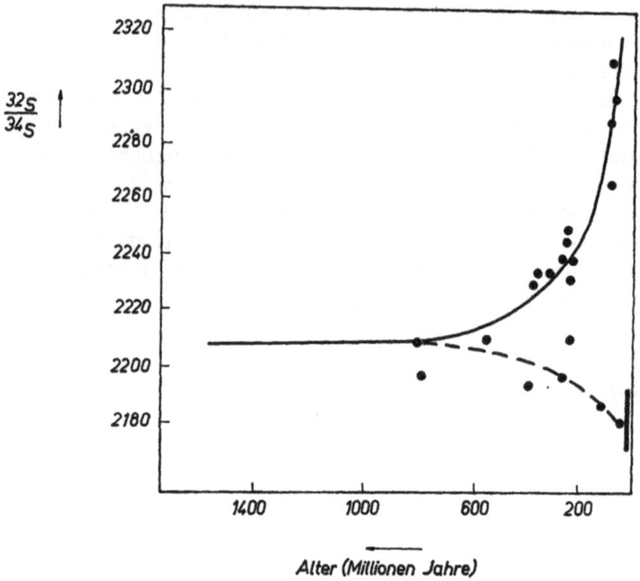


Abb. 23: Das $^{32}S/^{34}S$-Verhältnis in sedimentären Schwefelverbindungen in Abhängigkeit vom Alter [10].

Schwankungen der natürlichen isotopen Zusammensetzung erwarten läßt, wurden an gewissen Elementen erhebliche Variationen beobachtet. In diesen Fällen sind kernphysikalische Prozesse beteiligt. So enthält beispielsweise Blei neben den aus den Uran-, Aktinium- und Thorium-Zerfallsreihen stammenden Isotopen $^{206}Pb$, $^{207}Pb$ und $^{208}Pb$ bis zu 2 Atom-% $^{204}Pb$ („Urblei"). Ähnliche Erscheinungen sind auch beim Strontium und Argon bekannt.

Auf der Messung der chemischen und isotopen Zusammensetzung unter dem Gesichtspunkt ihrer Veränderung durch Kernprozesse beruhen einige Methoden der Altersbestimmung von Mineralien und Gesteinen.

*Isotopenkosmologie*

Die Messung von Isotopenfraktionierungen an Gesteinsproben, die Raumschiffe vom Mond und von den Nachbarplaneten der Erde mitbringen, gibt wesentliche Hinweise auf die Entwicklungsgeschichte unseres Planetensystems. Bisher war man auf Messungen an wenigen dafür geeigneten Meteoriten angewiesen.

# 9. Literaturverzeichnis

## 9.1. *Bücher und Übersichten*


[1] A. E. BRODSKY, „*Isotopenchemie*“, Akademie-Verlag Berlin 1961

[2] E. A. HALEVI, „*Secondary Isotope Effects*“, Progr. Phys. Org. Chem. **1** (1963) 109 (Interscience Publ. New York—London)

[3] L. MELANDER, „*Isotope Effects on Reaction Rates*“, Ronald Press Comp. New York 1960

[4] G. MÜLLER, K. MAUERSBERGER, „*Analyse stabiler Isotope durch spezielle Methoden*“, Akademie-Verlag Berlin 1969

[5] S. S. ROGINSKI, „*Theoretische Grundlagen der Isotopenchemie*“, Deutscher Verlag der Wissenschaften Berlin 1962

[6] W. H. SAUNDERS jr., „*Kinetic Isotope Effects*“, in: Weissberger, „*Technique of Organic Chemistry*“, VIII/1 (1961) S. 389—425; Surv. Progr. Chem. **3** (1966) 109

[7] H. SIMON, D. PALM, „*Isotopeneffekte in der organischen Chemie und Biochemie*“, Angew. Chemie **78** (1966) 993

[8] G. VOJTA, „*Theorie der thermodynamischen Isotopieeffekte*“, in: G. HERTZ, „*Lehrbuch der Kernphysik*“, Bd. III, S. 88—116, Verlag B. G. Teubner Leipzig 1962

[9] F. H. WESTHEIMER, „*The Magnitude of the Primary Kinetic Isotope Effect for Compounds of Hydrogen and Deuterium*“, Chem. Reviews **61** (1961) 265

[10] K. WETZEL, H. HÜBNER, G. HÜBNER, I. MAASS, „*Anwendung stabiler Isotope in Forschung und Technik*“, Deutscher Verlag für Grundstoffindustrie Leipzig 1963

[11] K. B. WIBERG, „*Kinetic Deuterium Isotope Effects*“, Chem. Reviews **55** (1955) 713

[12] A. V. WILLI, „*Säurekatalytische Reaktionen in der organischen Chemie*“, F. Vieweg und Sohn Braunschweig 1965

[13] DDR-Standard TGL 14466 „*Stabilisotop markierte chemische Elemente und Verbindungen*“ vom Mai 1969, Fachbuchverlag Leipzig 1969.

## 9.2. Spezielle Literatur


[14] W. A. Albery, „*The Role of the Solvent in Aqueous Proton Transfer*", Progr. in Reaction Kinetics IV, S. 396, Pergamon Press Oxford 1967

[15] R. P. Bell, D. M. Goodall, Proc. Royal Soc. A **294** (1966), 273

[16] R. P. Bell, D. P. Onwood, J. Chem. Soc. (London) B **1967**, 150

[17] J. Bigeleisen, Science (Washington) **110** (1949), 14; **147** (1965), 463

[18] O. Böttger, „*Isotopentrennung mit Hilfe von Gaszentrifugen*", Kerntechnik **6** (1964), 571

[19] J. G. Burr, „*Isotope Effects Accompanying Use of Tritium and Deuterium in the Study of Organic Radiation Chemistry*", Atomics International Report NAA-SR-6668 (1962)

[20] H. D. Freyer, K. Wagener, „*Elektrochemische Verfahren zur Isotopenanreicherung*", Angew. Chemie **79** (1967), 734

[21] A. Fry, Pure Appl. Chem. **8** (1964), 409; „*Heavy Atom Kinetic Isotope Effects*", 5. Arbeitstagung über stabile Isotope Leipzig 1967

[22] V. Gold, Trans. Faraday Soc. **56** (1960), 255; V. Gold, M. A. Kessick, Proc. Royal Soc. **1964**, 295

[23] A. Heller, Preprints of the 5. Rare Earth Research Conf., August 1965, S. 77

[24] A. Henglein, K. Lacmann, B. Knoll, J. Chem. Phys. **43** (1965), 1048; B. Knoll, Diss. TU Berlin 1967

[25] G. Hesse, H. Lietz, Jenaer Jahrbuch 1964, S. 211

[26] W. A. van Hook, „*Condensed Phase Isotope Effects*", Isotopenpraxis **4** (1968), 161

[27] J. A. Howard, K. U. Ingold, M. Symonds, Canadian J. Chem. **46** (1968), 1017

[28] W. M. Jones, „*Vapor Pressure of $T_2O$ and $D_2O$*", J. Chem. Phys. **48** (1968) 207

[29] A. J. Kresge, D. P. Onwood, J. Amer. Chem. Soc. **86** (1964), 5014; A. J. Kresge, D. S. Sagatys, H. L. Chen, „*The Relationship between Isotope Effects and Reactivity*", J. Amer. Chem. Soc. **90** (1968), 4174

[30] P. Krumbiegel, „*Große reaktionskinetische Isotopieeffekte unter dem Gesichtspunkt ihrer Nutzung*", Z. Chemie **8** (1968), 328

[31] E. S. LEWIS, J. K. ROBINSON, J. Amer. Chem. Soc. **90** (1968), 4337
[32] L. MELANDER, R. E. J. CARTER, E. JUNGGREN, Acta Chem. Scand. **18** (1964), 1138; **22** (1968), 503
[33] PH. C. MYHRE, M. BEUG, J. Amer. Chem. Soc. **88** (1966), 1568, 1569
[34] R. E. ROBERTSON, Progr. Phys. Org. Chem. **4** (1967), 251
[35] W. R. ROTH, J. KÖNIG, Liebigs Ann. Chem. **699** (1966), 24
[36] F. S. ROWLAND, „*Isotope Effects in Non* BOLTZMANN *Systems*", 5. Arbeitstagung über stabile Isotope Leipzig 1967; J. Amer. Chem. Soc. **85** (1963), 1021
[37] S. RUMMEL, „*Wasserstoff-Isotopieeffekte bei der Autoxydation organischer Verbindungen in Abhängigkeit von der Struktur, der Deuteriumhäufigkeit und der Deuterium-Stellung*", Diss. Leipzig 1968; S. RUMMEL, P. KRUMBIEGEL, H. HÜBNER, „*Isotopieeffekte bei Autoxydationen,* V. Mitt." Isotopenpraxis **6** (1970) 134
[38] M. B. SEARS, L. M. FERRIS, J. Inorg. Nuclear Chem. **28** (1966), 2055
[39] V. J. SHINER, „*Steric Inhibition of a Secondary Deuterium Isotope Effect*", J. Amer. Chem. Soc. **82** (1960), 2655
[40] S. R. SILVERMAN, J. Amer. Oil Chemist's, Soc. **44** (1968), 691
[41] W. SPINDEL, M. J. STERN, E. U. MONSE, J. Chem. Phys. **48** (1968), 2908
[42] A. STREITWIESER jr., W. C. LANGWORTHY, D. E. VAN SICKLE, L. REIF, „*Acidity of Hydrocarbons, Isotope Exchange Isotope Effects*", J. Amer. Chem. Soc. **84** (1962) 251, 258; A. STREITWIESER jr., „*Stereochemical and Kinetic Appl. of D Isotope Effect*", Ann. N. Y. Acad. Sc. **84** (1960), 576
[43] C. G. SWAIN, L. J. SCHAAD u. a., J. Amer. Chem. Soc. **80** (1958), 5885
[44] E. R. THORNTON, „*Secondary Deuterium Isotope Effects*", Annual Review of Physical Chemistry **17** (1966), 353, Annual Rev. Inc. Palo Alto
[45] H. C. UREY, „*The Thermodynamic Properties of Isotopic Substances*", J. Chem. Soc. (London) **1947**, 562
[46] K. WETZEL, „*Fortschritte bei der Gewinnung stabiler Isotope*", Isotopenpraxis **2** (1966), 277
[47] K. B. WIBERG, E. L. MOTELL, Tetrahedron **19** (1963), 2009
[48] M. WOLFSBERG, „*Isotopieeffekte als Hilfsmittel zum Studium chemischer Reaktionen*", 5. Arbeitstagung über stabile Isotope Leipzig 1967; M. J. STERN, M. WOLFSBERG, „*On the*

*Absence of Isotope Effects in the Absence of Force Constant „Changes“*, J. Chem. Phys. **45** (1966), 2618
[49] N. F. Zlottina, S. L. Kiperman, Kinetika i Katalis **8** (1967), 1335
[50] H. Zollinger, *„Hydrogen Isotope Effects in Aromatic Substitution Reactions“*, Adv. Phys. Org. Chem. **2** (1964) 163; *Vorlesungsdemonstration eines reaktionskinetischen Isotopieeffektes*, J. Chem. Education **34** (1957), 249

Die Abbildung 10 wurde von Herrn Dr. *Hesse*, Friedrich-Schiller-Universität Jena, und die Abbildungen 9 und 20 wurden vom *Institut für stabile Isotope der Deutschen Akademie der Wissenschaften zu Berlin* freundlicherweise zur Verfügung gestellt.

Den Herren Dr. G. Kretzschmann, Dr. H. Hübner, Dr. S. Rummel, Dr. W. Rolle und seinen weiteren Kollegen vom Institut für stabile Isotope Leipzig der Deutschen Akademie der Wissenschaften zu Berlin, möchte der Verfasser für die Unterstützung der Arbeit an diesem Büchlein sowie für kritische Hinweise und Diskussionen herzlich danken.

# 10. Sachregister

FRANZ RUDOLF KESSLER

**Einführung in die physikalischen Grundlagen der Kernenergiegewinnung**

EBERHARD HOFMANN

**Eiweiße und Nucleinsäuren als biologische Makromoleküle**

Dynamische Biochemie, Teil I

EBERHARD TEUSCHER

**Pharmakognosie,** Teil I und II

D. TER HAAR

**Quantentheorie.** Einführung und Originaltexte

J. H. SANDERS

**Die Lichtgeschwindigkeit.** Einführung und Originaltexte

JEAN KUNTZMANN

**Unendliche Reihen**

Mathematische Hilfsmittel der Physik und Chemie

Mit 94 Übungen und 20 Aufgaben

JEAN KUNTZMANN

**Systeme von Differentialgleichungen**

Mathematische Hilfsmittel der Physik und Chemie

Mit 88 Übungen und 40 Aufgaben

JEAN KUNTZMANN

**Komplexe Veränderliche**

Mathematische Hilfsmittel der Physik und Chemie

Mit 90 Übungen und 37 Aufgaben

FERDINAND CAP

**Einführung in die Plasmaphysik**

I. Theoretische Grundlagen

— insgesamt 3 Bände —

J. A. ROSANOW

**Wahrscheinlichkeitstheorie**

Bei Fragen zur Produktsicherheit wenden Sie sich bitte an:
If you have any questions regarding product safety,
please contact:

Walter de Gruyter GmbH
Genthiner Straße 13
10785 Berlin
productsafety@degruyterbrill.com